国家级职业教育规划教材

全国技工院校计算机类专业教材（中／高级技能层级）

Office 2021
基础与应用

主　编　尹友明

副主编　周晓阳

主　审　李彩云

中国劳动社会保障出版社

简介

本书为全国技工院校计算机类专业教材（中／高级技能层级）。本书以任务为引导，系统全面地讲解了 Office 2021 中 Word、Excel、PowerPoint、Access 四个常用组件的功能，内容包括 Word 2021 办公文档的输入、编辑与排版等功能，Excel 2021 电子表格的编辑、数据计算、统计与分析等功能，PowerPoint 2021 幻灯片的创建、编排、动画设置及放映设置等功能，Access 2021 的基本操作和小型数据库创建、数据分析等功能。本书的第五篇是综合案例，能帮助读者提高 Office 办公应用综合实战技能。

本书由尹友明任主编，周晓阳任副主编，龙大奇、白忠才、匡力参与编写，李彩云任主审。

图书在版编目（CIP）数据

Office 2021 基础与应用 / 尹友明主编. -- 北京：中国劳动社会保障出版社，2023
全国技工院校计算机类专业教材：中／高级技能层级
ISBN 978-7-5167-5841-0

Ⅰ.①O… Ⅱ.①尹… Ⅲ.①办公自动化 – 应用软件 – 职业教育 – 教材
Ⅳ.①TP317.1

中国国家版本馆 CIP 数据核字（2023）第 111248 号

中国劳动社会保障出版社出版发行

（北京市惠新东街 1 号　邮政编码：100029）

＊

北京宏伟双华印刷有限公司印刷装订　　　新华书店经销

787 毫米 × 1092 毫米　16 开本　24.5 印张　474 千字
2023 年 7 月第 1 版　　2023 年 7 月第 1 次印刷

定价：**59.00 元**

营销中心电话：400-606-6496
出版社网址：http://www.class.com.cn
http://jg.class.com.cn

前　言

为了更好地满足全国技工院校计算机类专业的教学要求，适应计算机行业的发展现状，全面提升教学质量，我们组织全国有关学校的一线教师和行业、企业专家，在充分调研企业用人需求和学校教学情况、吸收借鉴各地技工院校教学改革的成功经验的基础上，根据人力资源社会保障部颁布的《全国技工院校专业目录》及相关教学文件，对全国技工院校计算机类专业教材进行了修订和新编。

本次修订（新编）的教材涉及计算机类专业通用基础模块及办公软件、多媒体应用软件、辅助设计软件、计算机应用维修、网络应用、程序设计、操作指导等多个专业模块。

本次修订（新编）工作的重点主要有以下几个方面。

突出技工教育特色

坚持以能力为本位，突出技工教育特色。根据计算机类专业毕业生就业岗位的实际需要和行业发展趋势，合理确定学生应具备的能力和知识结构，对教材内容及其深度、难度进行了调整。同时，进一步突出实际应用能力的培养，以满足社会对技能型人才的需求。

针对计算机软、硬件更新迅速的特点，在教学内容选取上，既注重体现新软件、新知识，又兼顾技工院校教学实际条件。在教学内容组织上，不仅局限于某一计算机软件版本或硬件产品的具体功能，而是更注重学生应用能力的拓展，使学生能够触类旁通，提升综合能力，为后续专业课程的学习和未来工作中解决实际问题打下良好的基础。

创新教材内容形式

在编写模式上，根据技工院校学生认知规律，以完成具体工作任务为主线组织教材内容，将理论知识的讲解与工作任务载体有机结合，激发学生的学习兴趣，提高学生的实践能力。

在表现形式上，通过丰富的操作步骤图片和软件截图详尽地指导学生了解软件功能并完成工作任务，使教材内容更加直观、形象。结合计算机类专业教材的特点，多数教材采用四色印刷，图文并茂，增强了教材内容的表现效果，提高了教材的可读性。

本次修订（新编）工作还针对大部分教材创新开发了配套的实训题集，在教材所学内容基础上提供了丰富的实训练习题目和素材，供学生巩固练习使用，既节省了教材篇幅，又能帮助学生进一步提高所学知识与技能的实际应用能力。

提供丰富教学资源

在教学服务方面，为方便教师教学和学生学习，配套提供了制作素材、电子课件、教案示例等教学资源，可通过技工教育网（http://jg.class.com.cn）下载使用。除此之外，在部分教材中还借助二维码技术，针对教材中的重点、难点内容，开发制作了操作演示微视频，可使用移动设备扫描书中二维码在线观看。

致谢

本次教材修订（新编）工作得到了河北、山西、黑龙江、江苏、山东、河南、湖北、湖南、广东、重庆等省（直辖市）人力资源社会保障厅（局）及有关学校的大力支持，在此我们表示诚挚的谢意。

编者

2023 年 4 月

目 录

CONTENTS

第一篇　Word 2021

第二篇　Excel 2021

第三篇 PowerPoint 2021

第四篇　Access 2021

第五篇　综合篇

第一篇

Word 2021

项目一
初识 Word 2021

Word 2021 是 Office 2021 中的一个重要组成部分,在保留 Word 以往版本功能的基础上新增和改进了许多功能,使 Word 2021 更易于为初学者学习和使用。

Word 2021 主要用于日常办公、文档处理等,如用于制作求职者的个人简历、公司会议邀请函等。使用 Word 2021 可以让用户比以往更快捷、更轻松地创建出所需要的文档。

任务 1.1 Word 2021 的启动与退出

1. 掌握 Word 2021 常用的启动方法。
2. 掌握 Word 2021 常用的退出方法。

学习任何一个 Windows 环境下的应用软件的操作,都是先掌握软件的启动和退出方法,并在打开软件后去感受软件的界面外观,再慢慢通过摸索、学习去了解和掌握

软件各个方面的功能。

本任务将学习如何启动与退出 Word 2021。Word 2021 提供了多种启动与退出软件的方法，使用户能更方便、快捷地完成所需要的操作。

一般来说，启动一个软件最简便的方法就是双击它在桌面上的快捷图标，此时可以看到屏幕上弹出一个启动画面，上面通常有一些版权信息、版本号等。这个启动画面有别于一般的窗口，它既没有标题栏和系统菜单，又没有边框，只有一张位图在屏幕上显示一会儿。与此同时，程序后台正做着一些程序的加载或初始化工作。启动画面消失后，可以看到需要启动的软件图标出现在任务栏中，代表该软件已经正式启动，如图 1-1 所示。

图 1-1　任务栏软件图标

当使用者不需要再使用该软件的时候，最好关闭该软件，这是因为软件在运行过程中会占用内存。内存在计算机中起到很重要的作用，计算机中所有运行的程序都需要经过内存来执行，如果执行的程序分配的内存总量超过了内存大小，就会导致内存消耗殆尽。因此，将不需要再使用的软件及时退出，能提高系统的运行速度，更好地发挥计算机的效能。

图 1-2　通过"开始"菜单启动
Word 2021

1. Word 2021 的启动方法

（1）Word 2021 的常规启动方法。选择"开始"｜"Word"选项，如图 1-2 所示，启动 Word 2021，启动后的界面如图 1-3 所示。

（2）建立桌面快捷方式，快速启动。经常使用 Word 2021 的用户可以通过创建桌面快捷方式，快速启动 Word 2021 程序。建立桌面快捷方式的方法是：单击"开始"

按钮，找到"Word"并拖拽到桌面，这时可以看到桌面出现"⬛"图标。这样便在桌面上创建了一个快捷方式，需要使用时，双击该图标即可启动 Word 2021。

图 1-3　Word 2021 启动界面

（3）在"开始"菜单右侧屏幕建立快捷方式，快速启动。建立"开始"屏幕快捷方式的步骤是：单击"开始"按钮，找到"Word"，在"Word"上单击鼠标右键，在弹出的快捷菜单中选择"固定到'开始'屏幕"，这样便在"开始"菜单右侧屏幕添加了"Word"图标，如图 1-4 所示，需要时单击该选项即可快速启动 Word 2021。

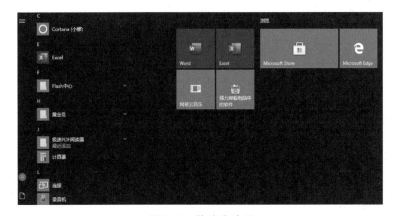

图 1-4　快速启动项

提示

用户可以通过将 Word 图标固定到桌面任务栏快速启动 Word 2021，也可以通过已存储的文档文件启动 Word 2021。

2. Word 2021 的退出方法

单击 Word 2021 窗口标题栏右上角的"关闭"按钮即可退出 Word 2021。

如果对文档的内容进行了更新且没有进行保存操作，在退出 Word 2021 之前，系统会弹出图 1-5 所示的对话框，提示用户是否保存修改过的内容。单击"保存"按钮，当前文档将被保存；单击"不保存"按钮，则将取消文档修改；如果单击"取消"按钮，那么退出 Word 2021 的操作将被中止。

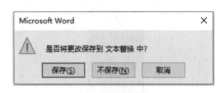

图 1-5　提示用户是否保存修改过的内容

在桌面上建立一个 Word 2021 的快捷方式，双击这个快捷方式启动 Word 2021，然后退出。

具体操作步骤如下：

（1）单击"开始"按钮，找到"Word"并拖拽到桌面。

（2）双击桌面的 Microsoft Word 2021 快捷方式图标打开 Word 2021。

（3）单击 Word 2021 窗口标题栏右上角的"关闭"按钮，退出 Word 2021。

任务 1.2　Word 2021 文档的基本操作

1. 掌握创建新 Word 2021 文档的操作方法。

2. 掌握文档保存与退出的方法。

3. 掌握打开已有 Word 2021 文档的方法。

4. 了解打开 Word 2021 文档的各种方式。

本任务将学习使用多种方法创建一个空白的新文档，并对其进行保存操作，然后关闭该文档。最后，使用 Word 2021 的"打开"功能打开已有的文档，以掌握 Word 2021 最基本的文档操作。

默认情况下，启动 Word 2021 时创建的文档为"空白文档"。用户可以根据需要再任意新建多种类型的文档。

在实际应用中，通常用到的不是默认设置，如学校办公室经常上传下达的文件，每次将文件内容录入完毕后，都要进行字体、字号、纸型等多项设置。用户可以通过对模板进行设置，以达到使每次新建的文档都已设置好格式的目的。

文档编辑完成后，还需要进行保存操作，才能保证用户对文档的编辑被系统记录下来，以便日后浏览或进一步编辑。保存文档应该作为一个操作习惯，在编辑文档的过程中和编辑完成后进行，以防止由于意外或疏忽，导致编辑、修改工作前功尽弃。Word 2021 提供了多种便捷的保存文档的方法。

编辑、保存等工作完成后，可以关闭文档。关闭文档是对文档进行操作的最后一步，同样有多种方法，操作也非常简单。

启动 Word 2021 应用程序后，单击菜单栏中的"文件"菜单，在打开的菜单中选择"打开"选项，或单击快速访问工具栏上的"打开"按钮，即会出现"打开"对话框。

如果知道文档存储的具体位置和名称（包括主文件名和扩展名），可以直接在"打开"对话框的"文件名"文本框中输入文档的完整路径，然后单击"打开"按钮打开文档。

打开文档是 Word 较基本的操作。对于任何文档来说，用户都必须先打开它，然后才能对其进行编辑、修改等操作。

1. 创建新文档

启动 Word 2021，在窗口左侧"Word"选项组中选择"新建"选项，窗口右侧将出现"新建"窗格，如图 1-6 所示，选择所需要的文档类型，即可创建新文档。

图 1-6 "新建"窗口

在已经启动了 Word 2021 的情况下，还有以下 3 种方法可以创建新的文档。

（1）利用"文件"菜单创建新文档。单击 Word 2021 菜单栏中的"文件"菜单，打开图 1-7 所示的菜单，选择"新建"选项，弹出"新建"窗口，然后选择所需要的文档类型，并单击相应的按钮，即可创建文档。

（2）使用"新建"按钮创建新文档。直接单击快速访问工具栏上的"新建"按钮，Word 2021 将立即为用户创建一个空白文档。

（3）使用快捷键创建新文档。按 Ctrl+N 快捷键可以快速创建一个空白文档。

2. 保存 Word 文档

编辑完文档后，在关闭之前，应该先保存文档，才能保证其不会丢失。Word 2021 提供了多种保存与关闭文档的方法，使用户可以方便、快捷地实施保存和关闭操作。

（1）单击"文件"菜单，选择"保存"选项，如图 1-8 所示。如果同一文档之前已经保存过，那么当前编辑的内容将按照用户原有的保存路径、名称及格式进行保存，否则，该选项的功能等同于"另存为"选项。

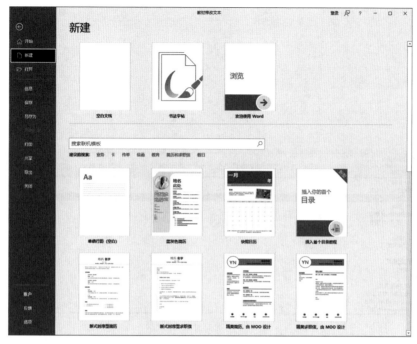 

图 1-7　选择"文件"菜单中的"新建"选项　　　图 1-8　选择"文件"菜单中的"保存"选项

 提示

可以按 Ctrl+S 快捷键保存文档，该操作等同于选择"文件"菜单中的"保存"选项。

（2）选择"文件"菜单中的"另存为"选项，在打开的"另存为"对话框中选择文档的保存路径，在"文件名"文本框中设置文件的保存名称，如"文档的保存操作"，在"保存类型"下拉列表中选择文件的保存类型，如"Word 97-2003 文档"，这时可以看到文件名后自动加上 .doc 扩展名，如图 1-9 所示。如果不选择保存类型，系统会默认把文档设置为 Word 2021 格式，扩展名为 .docx。

（3）单击快速访问工具栏上的"保存"按钮保存文档，此操作等同于选择"文件"菜单中的"保存"选项。

（4）按 F12 快捷键保存文档。

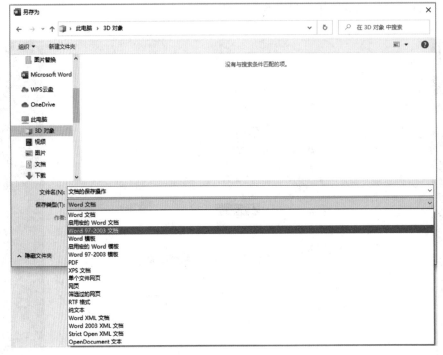

图 1-9　选择"保存类型"

 提示

Ctrl+S 快捷键与 F12 快捷键的功能是有区别的，Ctrl+S 快捷键依照原有的文件名、路径及格式进行保存，而 F12 快捷键执行的是"另存为"操作。

3. 关闭文档

（1）单击"文件"菜单，选择"关闭"选项。如果文档没有保存，系统将弹出一个对话框，提示用户是否保存文档。若单击"保存"按钮，当前文档将被保存；若单击"不保存"按钮，则将取消修改文档；若单击"取消"按钮，则关闭文档的操作将被中止。

（2）单击 Word 2021 窗口标题栏右上角的"关闭"按钮，同样，如果没有保存文档，系统将弹出一个对话框，提示用户是否保存文档。

4. 打开已保存的文档

（1）通过 Word 2021 窗口打开文档

1）单击 Word 2021 的"文件"菜单，选择"打开"选项，双击"此电脑"，弹出

图 1-10 所示的对话框，选择需要打开的文件所处的位置，再选中需要打开的文件名后，单击对话框右下方的"打开"按钮，或直接双击需要打开的文件名，就可以打开这个文件。

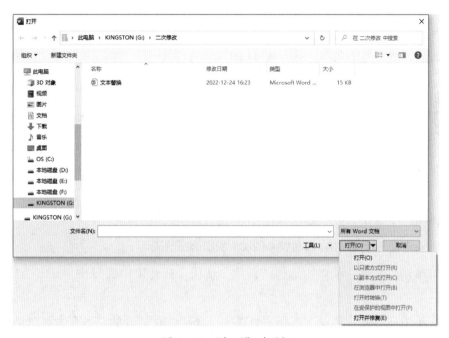

图 1-10 "打开"对话框

在 Word 中打开文档的方式有很多种，用户可以根据自己的需要选择相应的打开方式。例如，以只读方式打开文档等。

2）直接单击快速访问工具栏上的"打开"按钮打开文档。

3）按 Ctrl+O 快捷键打开文档。

4）通过最近使用过的文档打开文档。

Word 2021 提供了快速打开最近使用过的文档的方法：单击"文件"菜单，在"最近使用的文档"列表中显示了最近打开的文档，单击其中的某个文件名称，就可以快速打开该文档。

（2）通过"此电脑"或"资源管理器"打开文档

用户可以通过"此电脑"或者"资源管理器"漫游系统文件，找到所需要打开的文件，如果它是一个与 Word 相关联的文件，如扩展名为 .docx 或 .doc 的文件，双击该文件名，系统将启动 Word 并打开该文档。

巩固练习

使用 Word 2021 创建一个新的文档，并以文件名"操作实例"保存文档，观察文档的扩展名，然后关闭文档，退出 Word 2021。

提示

如果打开的是 Word 97-2003 版本的文档，则文档的扩展名为 .doc；如果打开的是 Word 2021 文档，则文档的扩展名为 .docx。

具体操作步骤如下：

（1）双击桌面上的 Microsoft Word 2021 快捷方式图标。

（2）单击"文件"菜单，选择"新建"选项，在弹出的窗口中单击"空白文档"选项。

（3）单击"文件"菜单，选择"另存为"选项，在打开的"另存为"对话框中选择文档的保存路径，在"文件名"文本框中输入"操作实例"，然后单击"保存"按钮保存文档。

（4）单击 Word 2021 窗口标题栏右上角的"关闭"按钮，退出 Word 2021。

项目二
文本的录入与编排

文本的录入与编排是对文档进行其他操作的基础，因此，制作一份优秀文档的必备条件就是要熟练掌握各种基本的编辑功能。用户经常需要在新建或者打开的文档中对文本进行各种格式的编辑操作，然后对输入的文本和段落进行更加复杂的处理。

与 Word 2010 相比，Word 2021 提供了更为强大的功能选项卡，使用起来更加方便、简单，同时，对文档更改的即时预览功能方便了用户快速实现预想设计。因此，在处理文档时，无论是文章版面的设置、段落结构的调整，还是字句之间的增删，利用 Word 2021 快捷键和功能选项卡都显得十分方便。

任务 2.1　输入法与文本录入

学习目标

1. 掌握输入法的使用方法。
2. 掌握在 Word 文档中输入文本的操作方法。
3. 掌握在 Word 文档中插入日期和时间的方法。

输入文本是 Word 中的一项基本操作。文本不但包括文字，还包括字母、数字、日期和时间、特殊字符等，在处理文本之前，必须先将其输入到 Word 中。

例如，起草一个通知，需要先将通知的文本输入到文档中，然后进行格式的编辑，最后形成一个完整的通知。本任务通过在文档中输入"失物招领"文本来学习文本的输入，如图 2-1 所示。

失物招领

本人在第一教学楼 201 教室拾到黑色钱包一个，内有银行卡、身份证及若干现金，请失主与本人联系，电话：010-××××××××。↵

2022 年 7 月 24 日↵

×××↵

图 2-1 "失物招领"文本

打开 Word 文档，在文档的开始位置出现一个闪烁的光标，这个光标叫作"插入点"，用户所输入的文本都会出现在插入点处。在输入的过程中，Word 具有自动换行功能，当输入到行尾时，不需要按 Enter 键，文本会自动移到下一行。当输入到段落结尾时，按 Enter 键，该段落就结束了。

当用户确定了插入点的位置后，选择自己熟悉的输入法，就可以开始文本的输入了。

Windows 系统中的所有输入法在 Word 中都可以使用，用户可以用鼠标右键单击桌面右下角的语言栏，从弹出的快捷菜单中选择自己所熟悉的输入法。也可以通过 Windows 键 + 空格组合键或 Ctrl+Shift 组合键进行输入法之间的切换。如果需要将中文输入法切换为英文输入法，可以按 Ctrl+ 空格组合键或 Shift 键快速地进行切换。

一般来说，输入法默认输入的字符为半角字符，其特征就是在输入法工具栏上出现半月形的符号，如图 2-2 所示。

半角、全角主要是针对数字、英文字母和标点符号来说的，全角字符占两个字节，半角字符占一个字节。不管是半角还是全角，汉字都占两个字节。单击图 2-2 中所示的全角或半角图标，可以切换半角、全角状态。

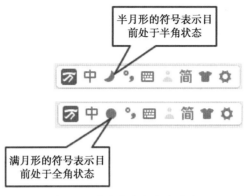

图 2-2　半角状态与全角状态

1. 输入文本

起草一个"失物招领"通知，先要输入标题"失物招领"，这 4 个字是独占一行的，输入完毕按 Enter 键，可以看到插入点自动移到下一行，"失物招领" 4 字后面出现回车符，如图 2-3 所示。回车符会出现在每段的结尾，表示该段落输入完成。

图 2-3　输入文本

继续输入文本："本人在第一教学楼 201 教室拾到黑色钱包一个，内有银行卡、身份证及若干现金，请失主与本人联系，电话：010-×××××××。"

在 Word 2021 中，对文本的基本输入操作说明如下：

（1）按 Enter 键结束本段落，系统将自动在下一行重新创建一个新的段落。

（2）使用键盘上的 →、←、↑、↓ 键可以在文本间移动插入点。

（3）按空格键将在插入点插入一个空格符号。

（4）按 BackSpace 键将删除插入点左侧的一个字符。

（5）按 Delete 键将删除插入点右侧的一个字符。

2. 在文本中插入日期

在 Word 2021 中，用户可以在正在编辑的文档中插入固定日期或时间，也可以插入当前的日期或时间，并可以设置日期或时间的显示格式，以及设置是否对插入的日期或时间进行更新。

下面在"失物招领"文本落款处添加日期。具体操作步骤如下：

（1）将插入点放置在要插入日期或时间的位置。

（2）选择"插入"选项卡，单击"文本"组中的"日期和时间"按钮，打开"日期和时间"对话框。

（3）在对话框的"可用格式"列表框中选择一种格式，如果希望文本中的日期自动更新，可以选中"自动更新"复选框，然后单击"确定"按钮，如图 2-4 所示。

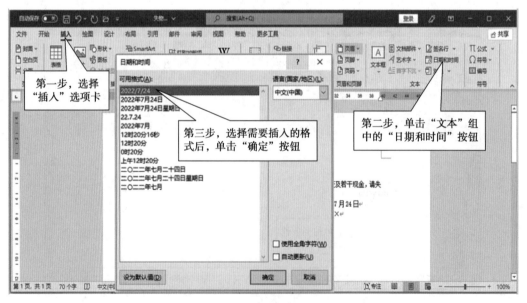

图 2-4　插入日期

提示

在选择日期格式时，注意把"语言（国家/地区）"下拉列表中的选项选择成"中文（中国）"。

为了让用户能更方便、快捷地输入日期，Word 2021 还提供了自动插入当前日期的功能。当用户输入日期的前半部分后，Word 会自动以系统默认的日期显示格式显示完整的日期，用户此时可以按 Enter 键插入该日期，也可以继续输入，忽略该提示，如图 2-5 所示。

失物招领

本人在第一教学楼 201 教室拾到黑色钱包一个，内有银行卡、身份证及若干现金，请失主与本人联系，电话：010-×××××××××。 2022年7月24日星期日（按 Enter 插入）

2022 年

×××

图 2-5　输入日期

提示

只有输入的日期为当前日期时才会激活自动插入功能，自动插入的当前日期格式与用户设置的时间格式有关，而且具有自动更新的功能。在 Word 2021 中，没有用于关闭"记忆式键入"功能的选项。

巩固练习

录入宋词《念奴娇·赤壁怀古》及其注释。

念奴娇·赤壁怀古

大江东去，浪淘尽，千古风流人物。

故垒西边，人道是，三国周郎赤壁。

乱石穿空，惊涛拍岸，卷起千堆雪。

江山如画，一时多少豪杰。

遥想公瑾当年，小乔初嫁了，雄姿英发。

羽扇纶巾，谈笑间，樯橹灰飞烟灭。

故国神游，多情应笑我，早生华发。

人生如梦，一尊还酹江月。

【注释】

1. 大江：长江。

2. 淘：冲洗。

3. 故垒：黄州古老的城堡，推测可能是古战场的遗迹。

4. 周郎：周瑜，字公瑾，为吴中郎将时年仅 24 岁，吴中称他为"周郎"。

5. 雪：比喻浪花。

6. 遥想：远想。

7. 小乔：乔玄的小女儿，嫁给了周瑜。

8. 羽扇纶巾：手摇羽扇，头戴纶巾。纶巾：古代配有青丝带的头巾。这是古代儒将的装束，词中形容周瑜从容、娴雅。

9. 樯橹：船上的桅杆和橹。这里指曹操的水军战船。

10. 故国：这里指旧地，当年的赤壁战场。

11. 华发：花白的头发。

12. 尊：通"樽"。

13. 酹：（古人祭奠）以酒浇在地上祭奠。这里指洒酒酹月，寄托自己的感情。

任务 2.2 文本对象的选择与剪贴板的使用

学习目标

1. 掌握在文档中选择指定内容的操作方法。
2. 掌握复制、剪切和粘贴的基本操作及剪贴板的使用方法。
3. 掌握撤销和恢复的操作方法。

文本输入完成后，需要设置相应的格式，使文本看起来美观大方、重点突出，如将标题设置为大号字体、居中等。针对需要设置格式的文本，先要选中该部分文本（图 2-6 所示灰色背景所标志的区域就是被选中的文本），才能进行相应的操作。选择文本是修改格式、复制、剪切、粘贴等操作的基础。

失物招领

本人在第一教学楼 201 教室拾到黑色钱包一个，内有银行卡、身份证及若干现金，请失主与本人联系，电话：010-××××××××。

2022 年 7 月 24 日
×××

图 2-6　选中文本

在编辑文本时，用户经常需要将文档的一部分内容移动或复制到另一处，复制、剪切和粘贴文本也是文本的基本操作，巧妙地运用将大大提高用户的工作效率。

本任务以"失物招领"文本为例，来学习文本的选择、复制、剪切、粘贴等操作方法。

在进行文档编辑时，难免会输入错误，或者在排版过程中出现误操作现象。因此，撤销和恢复功能显得尤为重要。

在文档操作中，经常需要选定某些文字符号进行处理，Word 2021 支持多种文本选择方法，可以选择单个文字、一行、一段或一个范围框内的文字。Word 2021 提供了强大的文本选择方法，不管是文本、字符、段落或是图片等，都可以仅用鼠标完成选择。

完成对文本的选择后，下一步就是对所选择的内容进行操作，最常用的操作是复制、剪切和粘贴。这三者都可以归入"文本移动"的范畴。

复制与剪切的区别在于，复制的内容被装到了一个"容器"里，准备放到另一个文档中去，而原来的文档内容仍然存在；剪切的内容也被装到了一个"容器"里，但原来的文档内容就不存在了。

Word 2021 提供了"剪贴板",剪贴板是文档进行信息传输的中间媒介,是将信息传送到其他文档或其他程序的通道。使用剪贴板对文本进行复制或移动操作时,首先将文本内容复制或剪切到剪贴板中,在需要时再将暂时存放在剪贴板中的信息粘贴到当前文档、其他 Office 文件或 Windows 环境下其他程序所建立的文档中的指定位置。

存放在剪贴板中的内容不会丢失,可以反复粘贴,不限次数。Word 2021 提供了 24 个子剪贴板,使用户可以同时复制与粘贴多项内容。如果存放在剪贴板中的内容已达 24 项,要继续添加新内容时,它会将复制内容添至最后一项,并清除第一项,用户可以选择是否继续复制。

Word 2021 可以自动记录用户的每一步操作,在需要的时候,可以撤销当前操作,恢复成之前的内容。使用 Ctrl+Z 快捷键就可以恢复之前的操作。同时,Word 2021 在快速访问工具栏中提供了快速撤销与恢复操作的按钮。

撤销和恢复是相对应的,撤销是取消上一步的操作,而恢复是把撤销操作再恢复回来。

1. 选中"失物招领"

(1)将鼠标光标移动至需要选择文本的开始位置,如"失物招领"的"失"字前。

(2)按住鼠标左键,拖动至结束位置("领"字的右侧)后松开鼠标左键,此时可以看到被选择的文本所在的区域变成了蓝色背景,如图 2-6 所示。

2. 选择一整行文本

将鼠标光标移到该行的最左侧,当鼠标光标变成"⤢"后,单击鼠标左键即可选中该行文本。同样地,也可以看到整行文本所在的区域变成了灰色背景,如图 2-7 所示。

失物招领↵

本人在第一教学楼 201 教室拾到黑色钱包一个,内有银行卡、身份证及若干现金,请失主与本人联系,电话:010-×××××××××。↵

2022 年 7 月 24 日↵

×××↵

图 2-7　选择整行文本

3. 选择格式相似的文本

选中某一格式的文本,如具有某种标题格式或文本格式的文本等,单击鼠标右键,在弹出的快捷菜单中选择"样式"|"选定所有格式类似的文本(无数据)"选项,或在

"开始"选项卡下的"编辑"组中选择"选择"｜"选定所有格式类似的文本（无数据）"
选项，如图 2-8 所示，即可选中文档中所有具有相似格式的文本。

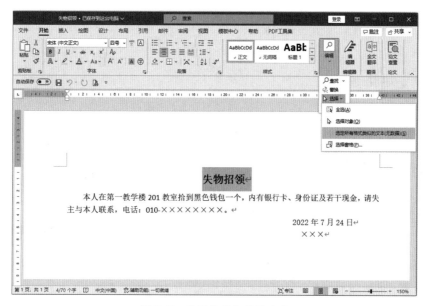

图 2-8 选择格式相似的文本

 提示

> 如果要取消选中的文本，可以用鼠标单击选择区域外的任何位
> 置，或按任何一个可在文档中移动的键，如→、←、↑、↓键等。

4. 利用拖动方法移动和复制文本

具体操作步骤如下：

（1）选中要移动或复制的文本，如"失物招领"。

（2）按住鼠标左键直接拖动文本，此时可以看到，插入点变成了标识，用来标识
新的插入点；同时，鼠标指针也变成了标识。这个标识表示文本当前处于移动状态，
如图 2-9 所示。

图 2-9 文本的移动

（3）将文本移动到指定位置后放开鼠标左键，可以看到文本已经在原来的位置消失，而出现在新的位置，如图 2-10 所示。

> 　　本人在第一教学楼 201 教室拾到黑色钱包一个，内有银行卡、身份证及若干现金，请失主与本人联系，电话：010-×××××××。↵
> 　　　　　　　　　　　　　　　　　2022 年 7 月 24 日↵
> 　　　　　　　　　　　　　　　　　×××↵
>
> **失物招领**↵

图 2-10　文本移动后的效果

（4）若需复制文本，则先按住 Ctrl 键，然后按住鼠标左键进行拖动，这样就能把选中的文本复制到新的位置。

（5）复制文本后，可以看到一个新的图标""，这是"粘贴"图标。单击这个图标，可以在弹出的下拉菜单中选择复制或移动文本的格式，如图 2-11 所示。

图 2-11　"粘贴"菜单

5. 利用剪贴板移动和复制文本

具体操作步骤如下：

（1）选中要移动或复制的文本内容。

1）若需要移动文本，有以下几种操作方法：

①单击"开始"选项卡下的"剪贴板"组中的"剪切"按钮。

②按 Ctrl+X 快捷键。

③将鼠标指针移到被选中的文本上，单击鼠标右键，在弹出的快捷菜单中选择"剪切"选项。

2）若需要复制文本，有以下几种操作方法：

①单击"开始"选项卡下的"剪贴板"组中的"复制"按钮。

②按 Ctrl+C 快捷键。

③将鼠标指针移到被选中的文本上，单击鼠标右键，在弹出的快捷菜单中选择"复制"选项。

（2）将插入点移动到要插入文本的新位置，单击"开始"选项卡下的"剪贴板"组右下角的图标，在屏幕左边弹出图 2-12 所示的任务窗格。

（3）单击"剪贴板"任务窗格中需要粘贴的内容，这部分文本就被粘贴到了插入点所在的位置。另外，还有以下几种方法可以达到目的：

1）单击"开始"选项卡下的"剪贴板"组中的"粘贴"按钮。

2）按 Ctrl+V 快捷键。

图 2-12　"剪贴板"任务窗格

3）单击鼠标右键，从弹出的快捷菜单中选择"粘贴"选项。

6. 撤销操作

Word 会随时记录用户工作中的操作细节，细致到上一个字符的录入、上一次格式的修改等。因此，当出现错误操作时，可以执行撤销操作，以恢复上一步的工作。

（1）找到快速访问工具栏上的"撤销"按钮，单击右侧的下拉箭头，打开图 2-13 所示的撤销操作列表，里面列出了可以撤销的所有操作。单击列表中的某一项，该项操作以及其后的所有操作都会被撤销。

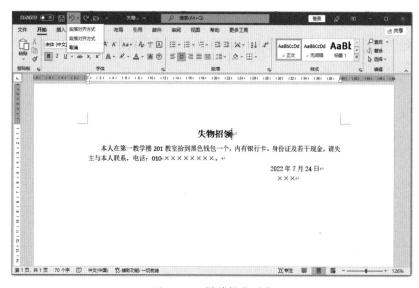

图 2-13　撤销操作列表

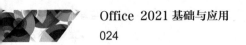

（2）如果只需要撤销最后一步操作，可以直接单击快速访问工具栏上的"撤销"按钮，或者按 Ctrl+Z 快捷键。

提示

> 如果在快速访问工具栏中没有找到"撤销"按钮，可以单击快速访问工具栏右侧的"自定义快速访问工具栏"按钮，在弹出的下拉列表中选中"撤销"按钮，就可以把该按钮调出来了。其他按钮的添加与删除操作与本操作方法类似。

7. 恢复操作

执行完撤销操作后，"撤销"按钮右边的"恢复"按钮将变成可用状态，表明已经进行过撤销操作。此时如果用户想再恢复撤销操作之前的内容，可以执行恢复操作。

恢复操作有以下两种实现方法：

（1）单击快速访问工具栏上的"恢复"按钮，恢复到所需要的状态。与"撤销"方法类似，该方法可以恢复一步或者多步操作。

（2）按 Ctrl+Y 快捷键。

巩固练习

在任务 2.1 录入宋词《念奴娇·赤壁怀古》及其注释的巩固练习中结合使用剪贴板，缩短文本输入的时间。

任务2.3　编排文本格式

1. 了解并学习使用"字体"组中的按钮。
2. 掌握文本的字体、字号、加粗、倾斜、下画线等格式的设置方法。
3. 熟悉"字体"对话框的使用方法。

　　文档中仅有文本内容是不够的，还需要对文档进行更多的编辑，如以不同的字体、字号区分各级标题等。

　　本任务以编辑"推荐信"文档为例来学习文本格式的设置方法。

　　要求如下：

　　（1）将"推荐信"设置为黑体、二号。

　　（2）将"××职业技术学校"加粗，进行强调。

　　（3）将"计算机专业"加下画线，进行强调。

　　（4）加大"推荐信"的字符间距。

　　文本格式设置结果如图2-14所示。

推 荐 信

敬启者：

　　从友人处得知，贵公司拟聘一名职员，我自认为符合招聘条件，因此前来应征，敬予以考虑。我毕业于**××职业技术学校**，学<u>计算机专业</u>，为了学以致用，并充分发挥自己的工作能力，想离开现职。现职单位对我的工作颇为赞许，也鼓励我另谋职业，更好地发展。

　　如果方便的话，我愿亲赴贵公司，以详细说明我的情况。如有机会为贵公司效力，不胜荣幸！

图2-14　文本格式设置结果

设置文本的格式在文字处理中经常用到，其目的是通过建立全面可视的样式，增加易读性，使文档更加美观，条理更加清晰。用户可以通过"开始"选项卡下的"字体"组或通过"字体"对话框中的"字体"选项卡进行文本格式的设置。

"字体"组中包括很多属性的设置，有字体、字号、颜色及其他格式。

Word 2021 自带多种字体，其中"宋体"是最常用的字体。打开"字体"下拉列表，用户可以根据自己的需要选择适用的字体。

Word 2021 对字体大小采用两种不同的度量单位，其中一种以"号"为度量单位，如常用的四号、五号、六号等；另一种以国际上通用的"磅"（28.35 磅等于 1 cm）为度量单位。

用户可以根据自己的需要设定字体的颜色，Word 2021 中预调了 256 种常用的颜色，另外，还可以使用 RGB 颜色进行个性化设置。RGB 俗称三原色，即红（Red）、绿（Green）、蓝（Blue），任何颜色都可以用这三种颜色混合而成。

1. 利用"字体"组设置文本格式

"字体"组位于"开始"选项卡中最显眼的位置，可见其重要性。最常用的字符格式选项在"字体"组中都能看到，用户通过该组可以快速地对文字的字体、字号、颜色、字形等进行操作。"字体"组如图 2-15 所示。

图 2-15 "字体"组

操作步骤如下：

（1）更改字体。选中"推荐信"文本，将鼠标指针移动到"宋体"处，单击其右侧的下拉箭头，在弹出的下拉列表中选择字体为"黑体"，单击鼠标左键，确定选择。下拉列表自动收回，选中的文本就变成了黑体字，效果如图 2-16 所示。

推荐信

敬启者：

　　从友人处得知，贵公司拟聘一名职员，我自认为符合招聘条件，因此前来应征，敬予以考虑。我毕业于××职业技术学校，学计算机专业，为了学以致用，并充分发挥自己的工作能力，想离开现职。现职单位对我的工作颇为赞许，也鼓励我另谋职业，更好地发展。

　　如果方便的话，我愿亲赴贵公司，以详细说明我的情况。如有机会为贵公司效力，不胜荣幸！

图 2-16　更改字体

提示

　　　　选择文本后，打开"字体"下拉列表，将鼠标指针移动到任意一个字体名称上，可以看到被选择的文本字体随之发生了变化，这就是 Word 2021 的"预览"功能。

（2）改变文本的大小。打开"字号"下拉列表，选择"二号"选项，可以看到屏幕上的字号已经变大，单击鼠标左键，确定对字号的更改，如图 2-17 所示。

推荐信

敬启者：

　　从友人处得知，贵公司拟聘一名职员，我自认为符合招聘条件，因此前来应征，敬予以考虑。我毕业于××职业技术学校，学计算机专业，为了学以致用，并充分发挥自己的工作能力，想离开现职。现职单位对我的工作颇为赞许，也鼓励我另谋职业，更好地发展。

　　如果方便的话，我愿亲赴贵公司，以详细说明我的情况。如有机会为贵公司效力，不胜荣幸！

图 2-17　更改字号

同样能达到改变字体大小的按钮还有 "A"" 和 "A""，从图标上可以看出，"A"" 是增大字号，"A"" 是缩小字号。但是与"字号"下拉列表不同的是，这两个按钮可以依次改变字号的大小，如单击 "A"" 按钮，字号会由"二号"字体增大为上一级的"小一"字体。

提示

　　　　字号是以"磅"为单位的，为了方便阅读，文本的字号应设置在 8 磅以上。一般情况下，文本的输入默认为五号字。

（3）选中"××职业技术学校"文本，单击"加粗"按钮 **B** ，可以看到选中的文本被加粗了，如图 2-18 所示。

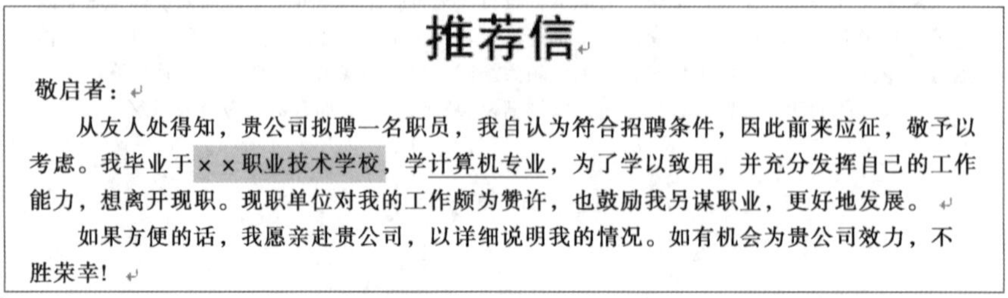

图 2-18　加粗字体

与"加粗"按钮的使用方法相似，"倾斜"按钮 *I* 可以达到使字体倾斜的效果。

（4）选中"计算机专业"文本，单击"下画线"按钮 U，该文本就被添加了下画线，如图 2-19 所示。单击"下画线"按钮旁的下拉箭头，还可以弹出"下画线"下拉列表，从中可以对下画线的样式和颜色进行设置。

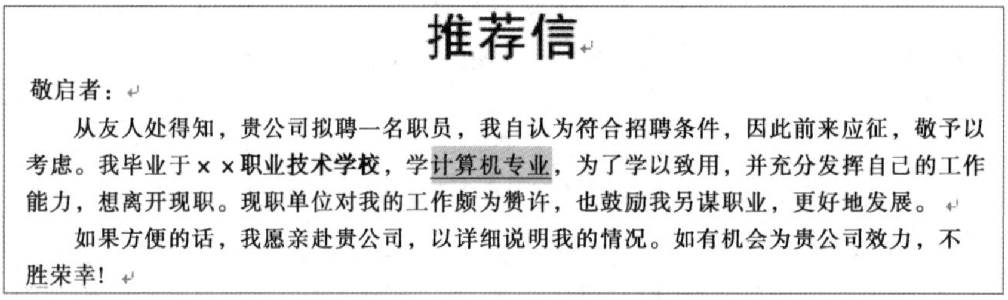

图 2-19　添加下画线

与"下画线"按钮类似的还有"删除线"按钮 ab，顾名思义，这个按钮的作用就是给选中的文本添加一条删除线。与下画线不同的是，删除线贯穿所选文字，而不是位于文字下方。

在"字体"组中还有一些常用的按钮，可以极大地方便用户对文档的编辑。下面简要介绍这些按钮的功能。

· 清除格式 A：清除格式，将选中文本变为纯文本格式。

· 拼音指南 ：提示正确的拼音。

· 上标 x²：将所选文字提到基准线上方。

· 下标 x₁：将所选文字降到基准线下方。

· 文字背景色 ：指定所选文字的背景色。

· 字体颜色 A：指定所选文字的颜色。

· 字符底纹 A：指定所选文字的底纹背景。

提示

　　Word 2021 提供了快速格式化字符的方式，具体方法如下：选中需要格式化的文本，如"推荐信"，此时在被选文本的右上方会显示虚的"快速格式化"工具栏，将鼠标指针移动到该工具栏上，它就会变得清晰可见，如图 2-20 所示。用户可以根据需要单击相应的按钮。

图 2-20 "快速格式化"工具栏

2. 使用"字体"对话框设置字符格式

　　在"字体"组中只列出了常用的字体格式工具选项，还有一些格式选项要通过"字体"对话框来设置。利用该对话框可以设置更多的字符格式，如图 2-21 所示。

3. 设置字符间距

　　在通常情况下，文本是以标准间距显示的，这样的字符间距适用于绝大多数文本，但有时候为了创建一些特殊的文本效果，需要将文本的字符间距扩大或缩小。

　　下面以"推荐信"文档为例，扩大标题的字符间距。具体操作步骤如下：

　　（1）选中"推荐信"文本，单击"字体"组右下侧的启动按钮，打开"字体"对话框，选择"高级"选项卡，如图 2-22 所示。

图 2-21 "字体"对话框

图 2-22 "高级"选项卡

（2）打开"间距"下拉列表，选择"加宽"选项，并把"磅值"改为10。单击"确定"按钮后，可以看到"推荐信"3个字的间距已经扩大了，如图2-23所示。

推 荐 信

敬启者：

从友人处得知，贵公司拟聘一名职员，我自认为符合招聘条件，因此前来应征，敬予以考虑。我毕业于××职业技术学校，学计算机专业，为了学以致用，并充分发挥自己的工作能力，想离开现职。现职单位对我的工作颇为赞许，也鼓励我另谋职业，更好地发展。

如果方便的话，我愿亲赴贵公司，以详细说明我的情况。如有机会为贵公司效力，不胜荣幸！

图 2-23 扩大字符间距

巩固练习

对宋词《念奴娇·赤壁怀古》及其注释进行文字格式编排。

（1）选中"念奴娇·赤壁怀古"，单击"开始"选项卡下的"段落"组中的"居中"按钮。"段落"组的使用将在项目三中进行学习。

（2）选中"注释"后的所有文本，在"字体"下拉列表中选择"楷体"，字号选择"小五"，效果如图2-24所示。

图 2-24 任务 2.3 巩固练习

任务 2.4　查找与替换文本

1. 掌握简单查找和替换的方法。
2. 了解高级查找和替换的方法。

　　在篇幅较大的文档中人工查找某些词语或句子，工作量非常大，既费时费力，又容易出错。Word 2021 在"开始"选项卡下的"编辑"组中提供了查找与替换的相关按钮，使用户可以轻松、快捷地完成文本的查找与替换。

　　本任务以文章《背影》为例，查找文本"南京"，并将"南京"替换为"金陵"。

　　查找，顾名思义就是在文档中搜索相关的内容。使用 Word 2021 提供的"查找"功能，用户可以在文档中查找指定的文本内容，也可以利用"替换"功能将所查找到的文本更改为指定的其他文本。

　　查找操作和替换操作的方法大致相同，区别在于在进行替换操作时还需要输入用于替换的目标文本。

　　在 Word 2021 中，用户不仅可以查找文档中的普通文本，还可以对文档的格式进行查找和替换，与 Word 2010 相比，其查找和替换的功能更加强大、有效。

1. 常规查找和替换

　　下面以朱自清的散文《背影》为例来学习如何查找和替换。具体操作步骤如下：

　　（1）将插入点设置在文档的起始位置，选择"开始"选项卡下的"编辑"组，单击"查找"按钮，在编辑区域的左侧弹出一个"导航"窗格，也可以直接按 Ctrl+F 快捷键调出"导航"窗格。

（2）在"导航"窗格中输入要查找的内容，如"南京"二字，即可在右侧的编辑区域看到文档中所有的"南京"字样被以不同颜色显示出来，如图 2-25 所示。

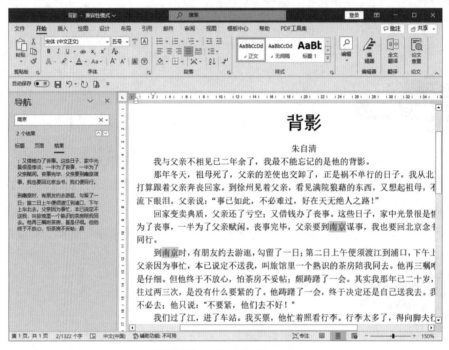

图 2-25　查找"南京"二字

如果希望在查找时精确到某一个具体位置的信息，如查找文档中第三个"南京"二字出现的位置，则需要借助高级查找。具体操作步骤如下：

（1）单击"开始"选项卡下的"编辑"组中"查找"右侧的下拉箭头，在弹出的下拉菜单中选择"高级查找"选项，弹出"查找和替换"对话框，如图 2-26 所示。

图 2-26　"查找和替换"对话框

（2）在"查找内容"文本框中输入要查找的内容，如"南京"二字。

（3）单击"查找下一处"按钮，即可看到文档中第一个查找目标"南京"二字的背景变成了黄色。继续单击两次"查找下一处"按钮，即可找到第三个"南京"二字的位置。

在"查找"选项卡中还有一个功能，可以把全文中需要查找的内容突出显示。打开"阅读突出显示"下拉列表，选择"全部突出显示"选项，此时可以看到，文档中所有的"南京"字样被以不同颜色显示出来了。再次打开"阅读突出显示"下拉列表，选择"清除突出显示"选项，就只有第一个查找内容被突出显示了。

在文档中查找到指定的内容后，用户还可以对其进行替换操作。例如，可以将《背影》中的"南京"替换为"金陵"。具体操作步骤如下：

（1）将插入点设置在文档的起始位置，单击"开始"选项卡下"编辑"组中的"编辑"按钮，在弹出的下拉菜单中单击"替换"按钮，打开"查找和替换"对话框，选择"替换"选项卡，如图 2-27 所示。

图 2-27 "替换"选项卡

（2）在"查找内容"文本框中输入要查找的内容"南京"。

（3）在"替换为"文本框中输入要替换的内容"金陵"，如图 2-28 所示。

图 2-28 输入查找和替换的内容

（4）单击"替换"按钮，可以看到，文本从插入点所在的位置向后查找，并突出显示第一个"南京"文字。

（5）此时的操作并不是立即替换，而是显示第一个"南京"文字所在的位置。如果用户决定替换，可以单击"替换"按钮，可以看到第一个"南京"已经变成了"金陵"，同时文档中的第二个"南京"被选中，等待用户进行替换。如果不打算替换，可以单击"查找下一处"按钮，则当前的文本不会被替换，仅作为"查找"功能使用。

（6）如果用户决定将全文的"南京"都替换成"金陵"，可以单击"全部替换"按钮，系统将自动搜索文中的"南京"并将其全部替换成"金陵"。最后，弹出对话框提示用户替换完成。

（7）如果用户决定从文档的开始处再搜索一遍，以查找是否有遗漏，可以单击"是"按钮；如果觉得替换可以到此结束，单击"否"按钮，返回"查找和替换"对话框，选择进行下一步操作或者关闭对话框。

2. 高级查找和替换

如果希望在查找和替换时控制搜索的范围、区分大小写、使用通配符、设置格式或者希望使用某些特殊字符等，就必须借助高级查找和替换功能了。

在"查找和替换"对话框中，无论是"查找"选项卡，还是"替换"选项卡，单击左下角的"更多"按钮，在展开的对话框中可以设置查找和替换的高级选项，如图 2-29 所示。

图 2-29 高级查找和替换

查找文章《背影》中的"父亲"，并将其替换成"爸爸"。

任务 2.5　设置自动更正功能

1. 了解自动更正功能。
2. 掌握"自动更正"选项卡的使用方法。
3. 掌握添加自动更正词条的基本操作。

　　Word 2021 能自动地对一些错误进行更正，如"the"被错误地拼写成"teh"，或者"作威作福"被写成了"做威做福"，Word 2021 都能对其自动更正。用户如果能多了解和熟悉这个功能，将会得到一些意想不到的惊喜。

　　首字母大写是 Word 2021 的默认功能，如果句子的首字母在输入时并非大写，Word 将自动把它更正为大写字母。本任务将学习对这项功能进行设置，并添加自动更正的词条。

　　"自动更正"功能关注常见的输入错误，并会在出错的时候自动更正它们。很多时候，在用户意识到这些错误之前，它就已经被自动更正了。如输入英文词组"the best book"，输入完单词"the"后按空格键，观察首字母"t"，会发现它变成了大写"T"。这是因为按照英文拼写习惯，句首第一个字母应该大写，这就是 Word 2021 的自动更正功能。它不仅针对英文，汉字中经常出现的错误也会被自动更正。

　　用户可以设置自己的自动更正词条，以节省输入文本的时间，并保证文本的正确率。

1. 设置自动更正选项

　　并不是所有人都喜欢"自动更正"功能，想要设置"自动更正"功能，可以将鼠标光标移动到"T"字母上，此时可以在光标的下方发现一个小图标"▄"，把鼠标光标继续下移到这个图标上，它会展开变成"自动更正"按钮" ✐ ˅ "，单击右侧的下拉箭头展开下拉列表，如图 2-30 所示。

如果选择"撤销自动大写"选项，那么仅在此次操作中取消自动大写；如果选择"停止自动大写句首字母"选项，则可以看到该选项前出现一个" ✓ "图标，表示停止句首字母自动大写功能。

选择"控制自动更正选项"，弹出"自动更正"对话框。这里的"自动更正"选项卡中给出了自动更正的多个选项，如果不希望句首字母自动更改成大写字母，可以取消选中"句首字母大写"复选框，如图 2-31 所示。

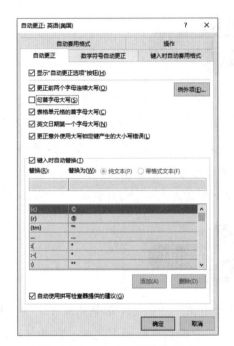

图 2-30 "自动更正"选项   图 2-31 "自动更正"选项卡

单击"确定"按钮后返回文档，此时再输入"the best book"，可以看到首字母不会被改成大写字母了。

提示

在功能区空白处单击鼠标右键，也能调出"自动更正"选项卡。操作方法是：在选项卡标签上单击鼠标右键，在弹出的快捷菜单中选择"自定义功能区"选项，打开"Word 选项"对话框。选择左侧的"校对"选项，在右侧单击"自动更正选项"按钮，弹出"自动更正"对话框，选择"自动更正"选项卡即可进行设置。

2. 添加自动更正词条

Word 2021 还提供了一些自动更正词条，通过滚动浏览"自动更正"选项卡下方的列表框，可以仔细查看"自动更正"的词条。用户可以根据需要添加新的自动更正词条。

例如，要把"微软"词条加入自动更正词条中，当用户输入"微软"词条时，自动更正为"微软公司"。操作方法如下：

（1）调出"自动更正"对话框，选择"自动更正"选项卡。

（2）选中"键入时自动替换"复选框，并在"替换"文本框中输入"微软"，在"替换为"文本框中输入"微软公司"。

（3）单击"添加"按钮，即可将其添加为自动更正词条，并显示在列表框中，如图2-32所示。

（4）单击"确定"按钮，完成添加，关闭"自动更正"对话框。

以后在输入文本的过程中，当输入"微软"时，立即可以看到输入的"微软"被替换为"微软公司"。

图 2-32 添加自动更正词条

把"细致"词条加入自动更正词条中，当用户输入"细致"词条时，自动更新为"细致入微"。

项目三
段落的格式化

Word 2021 的一个重要功能就是制作精美、专业的文档，它不仅提供了多种灵活的格式化文档的操作，还提供了多种修改、编辑文档格式的方法，使文档更加美观。

任务 3.1　设置段落的对齐方式

学习目标

1. 掌握段落水平对齐方式的设置方法。
2. 掌握段落垂直对齐方式的设置方法。

任务描述

Word 2021 提供的段落对齐方式主要有左对齐、居中、右对齐、两端对齐和分散对齐 5 种。Word 2021 的段落格式命令适用于整个段落，将插入点置于段落的任一位置都可以选定段落。

本任务以宋词《宴山亭·北行见杏花》为例来学习段落对齐的设置方法。

要求如下：

（1）将标题"宴山亭·北行见杏花"设置为三号字体，居中对齐。

（2）将正文内容设置为楷体，五号字体，左对齐。

相关知识

　　段落是构成整个文档的骨架，包括文字、图片和各种特殊字符等元素。段落是指以 Enter 键结束的内容文档，是独立的信息单位，具有自身的格式特征。段落格式是以段落为单位的格式设置。要设置段落格式，可以直接将光标插入要设置的段落中。设置段落格式主要是指设置对齐方式、设置段落缩进以及设置行间距和段落间距等。

　　从大的方面说，段落对齐方式分为水平对齐方式和垂直对齐方式。

　　段落的水平对齐方式控制了段落中文本行的排列方式，分为两端对齐、左对齐、右对齐、居中对齐和分散对齐 5 种，系统默认的水平对齐方式为两端对齐。在"开始"选项卡下的"段落"组中可以快速设置水平对齐方式。

　　段落的垂直对齐指的是整个段落在页面垂直方向的对齐，分为顶端对齐、居中、两端对齐、底端对齐 4 种，系统默认的垂直对齐方式为顶端对齐。

　　一般情况下，段落对齐方式指的是段落的水平对齐方式。

实践操作

1. 设置段落的水平对齐方式

　　（1）选中"宴山亭·北行见杏花"行，设置字号为三号，单击"开始"选项卡下的"段落"组中的"居中"按钮▤，或者按 Ctrl+E 快捷键，使所选文本居中对齐，如图 3-1 所示。

　　（2）选中正文内容，设置为楷体、五号字体，单击"开始"选项卡下的"段落"组中的"左对齐"按钮▤，或者按 Ctrl+L 快捷键，使所选文本左对齐，如图 3-2 所示。

　　在"开始"选项卡下的"段落"组中还有一些类似的功能按钮，具体如下：

　　1）右对齐。单击"段落"组中的"右对齐"按钮▤，或按 Ctrl+R 快捷键，使所选文本右对齐。

　　2）两端对齐。单击"段落"组中的"两端对齐"按钮▤，或按 Ctrl+J 快捷键，使所选段落除末行外的左、右两边同时与左、右页边距或缩进对齐，这也是系统默认的水平对齐方式。

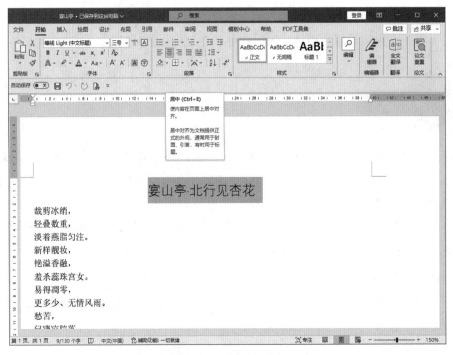

图 3-1　设置居中对齐

图 3-2　设置左对齐

3）分散对齐。单击"段落"组中的"分散对齐"按钮 ，或按 Ctrl+Shift+J 快捷键，使所选文本左、右两边均对齐，并且所选的段落不满一行时，将拉开字符间距，使该行均匀分布。

提示

> 将插入点移动到新段落的开始，再选定段落对齐的方式，那么接下来输入的文本均按照已选定的方式对齐。

2. 设置段落的垂直对齐方式

要使一段文字置于页面中央，需设置段落的垂直对齐方式。例如，制作一个封面标题，将封面标题置于页面中间，操作步骤如下：

（1）选中需要设置的文本，单击"布局"选项卡下的"页面设置"组右下侧的启动按钮，在打开的"页面设置"对话框中选择"布局"选项卡。

（2）在"页面"栏的"垂直对齐方式"下拉列表中选择"居中"对齐方式，如图 3-3 所示。系统默认的段落垂直对齐方式为顶端对齐，即文字靠近顶端。选择"居中"选项后，单击"确定"按钮，可以看到选中的文字移到了页面的中部，如图 3-4 所示。

图 3-3　设置垂直对齐方式

明天更美好

图 3-4　设置垂直对齐方式为"居中"

巩固练习

新建空白文档，输入宋词《西江月·重九》，并设置段落的对齐方式。

西江月·重九

苏轼

点点楼头细雨，

重重江外平湖。

当年戏马会东徐，

今日凄凉南浦。

莫恨黄花未吐，

且教红粉相扶。

酒阑不必看茱萸，

俯仰人间今古。

任务 3.2　设置段落缩进

1. 了解段落缩进的种类。
2. 掌握段落缩进的设置方法。

段落缩进有 6 种格式：首行缩进、悬挂缩进、左侧缩进、右侧缩进、内侧缩进和外侧缩进。用户可以对整个文档进行缩进设置，也可以对某一段落进行缩进设置。本任务以文档《满庭芳·山抹微云》为例来学习首行缩进的设置方法。其他格式的缩进与首行缩进类似，读者可参考首行缩进的设置方法依次进行尝试，并观察设置效果的差异。

在 Word 2021 中，段落缩进和页边距是有区别的。

页边距是指文本与纸张边缘的距离，对于每行来说，同一类页边的空白宽度是相等的。

段落缩进是指段落中的文本与页边距之间的距离。它是为了突出某段或者某几段，使其远离页边空白，或占用页边空白，起到突出效果的作用。

首行缩进的效果如图 3-5 所示。

段落缩进的设置方法有多种，可以选用精确的菜单方式、快捷的标尺方式，也可以使用 Tab 键和"格式"工具栏等。

1. 使用菜单命令设置段落缩进

使用菜单命令设置段落缩进是所有方法中最常用的一种，具体的操作步骤如下：

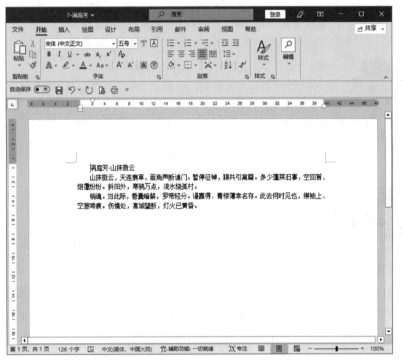

图 3-5　首行缩进

（1）打开未经段落格式设置的文档《满庭芳·山抹微云》，选中全部文本。

（2）单击"开始"选项卡下的"段落"组右下侧的启动按钮，打开"段落"对话框。

（3）在"缩进和间距"选项卡的"缩进"选项组中设置文本的缩进。在"特殊"下拉列表中选择"首行"选项，系统默认"缩进值"为"2字符"，如图 3-6 所示。

在"缩进"选项组中，"左侧"微调框用于设置左端缩进，"右侧"微调框用于设置右端缩进。在"特殊"下拉列表中有"无""首行"和"悬挂"3 个选项，"缩进值"微调框用于精确地设置缩进量。

如果选中了"对称缩进"复选框，"左侧"和"右侧"微调框将变为"内侧"和"外侧"微调框，读者可以尝试着设置，来查看不同的缩进量对文本产生的影响。

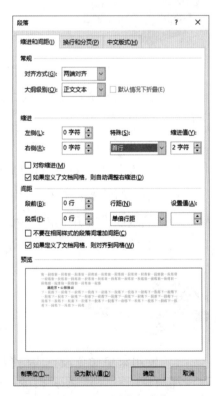

图 3-6　设置首行缩进

（4）单击"确定"按钮，完成对选中段落的设置，效果如图 3-5 所示。

2. 利用"段落"组中的快捷按钮设置段落缩进

设置段落缩进的另一种方法是使用"段落"组中的快捷按钮进行设置，这种方法虽然简单，但是不够精确。具体操作步骤如下：

（1）打开未经段落格式设置的文档《满庭芳·山抹微云》，将插入点置于第一行。

（2）单击"开始"选项卡下的"段落"组中的"增加缩进量"按钮 ≡ 进行设置，每单击一次，被选中的行将增加 1 字符缩进量。单击"增加缩进量"按钮两次，相当于设置"首行缩进 2 字符"。同时，如果开始下一个新的段落，新段落将继承上一段落的格式，默认首行缩进 2 字符，如图 3-7 所示。

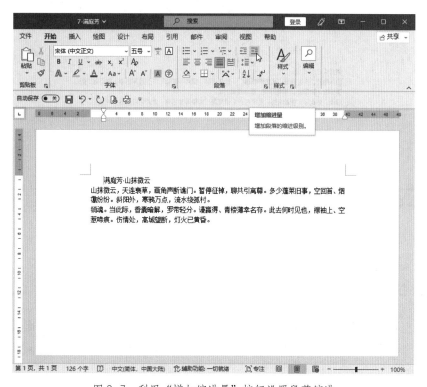

图 3-7　利用"增加缩进量"按钮设置段落缩进

提示

"减少缩进量"按钮 ≡ 用于减少文本的缩进量，每单击一次减少 1 字符的缩进。

3. 使用标尺设置段落缩进

利用文档窗口水平标尺上的段落缩进标记，可以快速地设置段落的左侧缩进、右侧缩进、首行缩进和悬挂缩进等。这种方法直观、方便，但同样不够精确。图 3-8 所示文本区和选项卡区之间的部分就是标尺。下面以首行缩进为例介绍使用标尺进行段落缩进的方法。

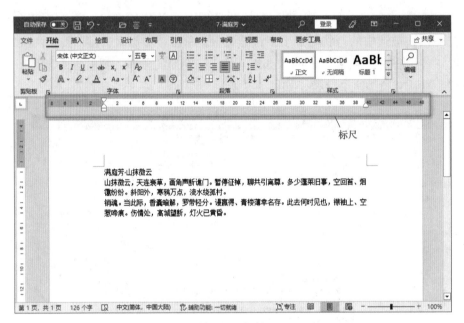

图 3-8　标尺

提示

如果当前编辑窗口没有显示标尺，可以单击"视图"选项卡下的"显示"组中的"标尺"复选框，标尺即可显示在窗口中。

具体操作步骤如下：

（1）打开未经段落格式设置的文档《满庭芳·山抹微云》，将插入点置于第一段的起始位置。

在水平标尺的左端有两个相对的游标"⟊"，其中上面的一个呈倒三角形"▽"，它标识着首行缩进的距离；另一个呈正三角形"△"，为悬挂缩进。悬挂缩进游标下方的小矩形是左缩进游标，在水平标尺右端的上三角形游标是右缩进游标，如图 3-9 所示。

图 3-9　水平标尺的游标

（2）用鼠标光标拖拽首行缩进游标，向右缩进 2 字符的距离，此时可以看到一条竖直辅助虚线跟随首行缩进游标，如图 3-10 所示。

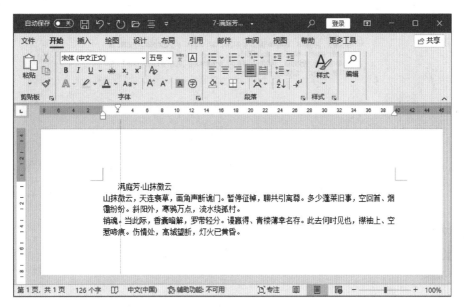

图 3-10　移动首行缩进游标

（3）放开鼠标后可以看到，第一行插入点后的文字被向右移动了 2 字符的距离，首行缩进游标也停留在了标尺的数字"2"处，如图 3-11 所示。

提示

（1）在拖拽标记设置缩进的同时，按住 Alt 键可以显示缩进的准确数值。

（2）利用快捷键设置缩进时，在文档中选择要改变缩进的段落。要使左侧段落缩进至下一个制表位，使用 Ctrl+M 快捷键；要使所有行左缩进到前一个制表位，使用 Ctrl+Shift+M 快捷键；要设置悬挂缩进，使用 Ctrl+T 快捷键。若设置了制表位，那么按下 Ctrl+T 快捷键后，悬挂缩进将缩进到该制表位处。

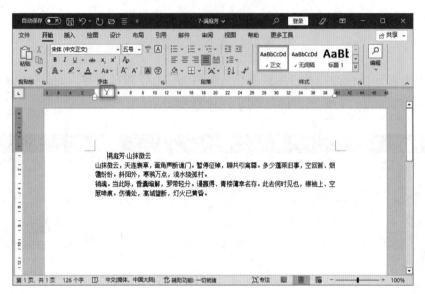

图 3-11　首行缩进效果

　　将任务 3.1 巩固练习的宋词《西江月·重九》设置在一个段落中，并设置段落缩进。

任务 3.3　设置行距和段落间距

1. 了解行距和段落间距的概念。
2. 掌握行距和段落间距的设置方法。

在文档编辑中，可以根据用户的需要对行距和段落间距进行设置，使文档看起来更加美观。一般情况下，Word 默认的行距为单倍行距，在此基础上，用户可以对行距进行增大或缩小。同理，也可以对段落间距进行相应的设置，以满足用户的需求。

本任务以文档《济南的冬天》为例来学习行距和段落间距的设置方法。

行距是指从一行文字的底部到另一行文字底部之间的距离。Word 将自动调整行距，以容纳该行中最大的字体和最高的图形。行距决定段落中各行文本之间的垂直距离，系统默认值是"单倍行距"。图 3-12 所示为 3 倍行距的显示效果。

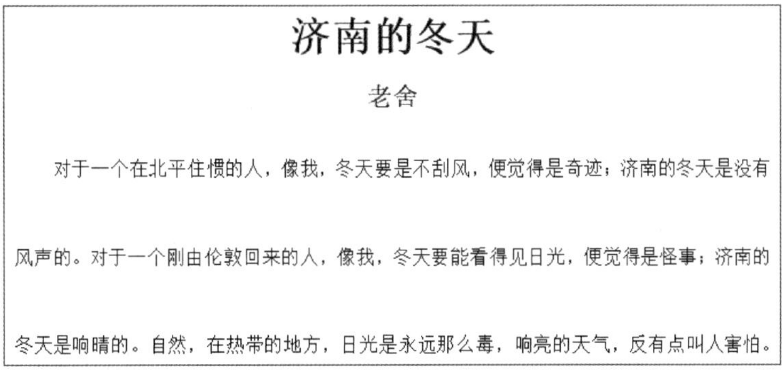

济南的冬天

老舍

对于一个在北平住惯的人，像我，冬天要是不刮风，便觉得是奇迹；济南的冬天是没有

风声的。对于一个刚由伦敦回来的人，像我，冬天要能看得见日光，便觉得是怪事；济南的

冬天是响晴的。自然，在热带的地方，日光是永远那么毒，响亮的天气，反有点叫人害怕。

图 3-12　3 倍行距的显示效果

段落间距是指前后相邻的段落之间的空白距离。当按 Enter 键开始新的一段时，光标会跨过段落间距到达下一段的起始位置。图 3-13 所示为 3 行段落间距的显示效果。

1. 设置行距

用户可以根据需要设置行距，以设置文档《济南的冬天》为例，具体操作步骤如下：

> ## 济南的冬天
>
> 老舍
>
> 对于一个在北平住惯的人，像我，冬天要是不刮风，便觉得是奇迹；济南的冬天是没有风声的。对于一个刚由伦敦回来的人，像我，冬天要能看得见日光，便觉得是怪事；济南的冬天是响晴的。自然，在热带的地方，日光是永远那么毒，响亮的天气，反有点叫人害怕。
>
> 可是，在北中国的冬天，而能有温晴的天气，济南真得算个宝地。
>
> 设若单单是有阳光，那也算不了出奇。请闭上眼睛想：一个老城，有山有水，全在天底下晒着阳光，暖和安适地睡着，只等春风来把它们唤醒，这是不是个理想的境界？小山整把济南围了个圈儿，只有北边缺着点口儿。这一圈小山在冬天特别可爱，好像是把济南放在一个小摇篮里，它们安静不动地低声说"你们放心吧，这儿准保暖和。真的，济南的人们在冬天是面上含笑的。他们一看那些小山，心中便觉得有了着落，有了依靠。他们由天上看到山上，便不知不觉地想起："明天也许就是春天了吧？这样的温暖，今天夜里山草也许就绿起来了吧？"就是这点幻想不能一时实现，他们也并不着急，因为有这样慈善的冬天，干啥还希望别的呢！

图 3-13　3 行段落间距的显示效果

（1）打开文档，选择要改变行距的段落。与设置缩进相同，只需要把插入点置于段落中的任何位置，就视为选中该段落。

（2）单击"开始"选项卡下的"段落"组右下侧的启动按钮，打开"段落"对话框。

（3）在"间距"选项组的"行距"下拉列表中，有"单倍行距""1.5 倍行距""2 倍行距""最小值""固定值"和"多倍行距"6 个选项，如图 3-14 所示。选择"2 倍行距"选项，单击"确定"按钮回到文本编辑界面，可以看到刚才选中的段落已经变成了 2 倍行距，效果如图 3-15 所示。

用户也可以使用"段落"组中的"行距"按钮来调整行距。选中文本，单击"行距"按钮右侧的下拉箭头，在弹出的"行距"下拉列表中选择"2.0"选项，即可将文本设置为 2 倍行距。

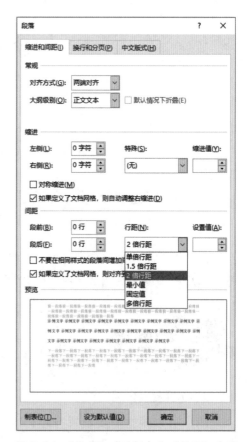

图 3-14　"段落"对话框中的"行距"选项

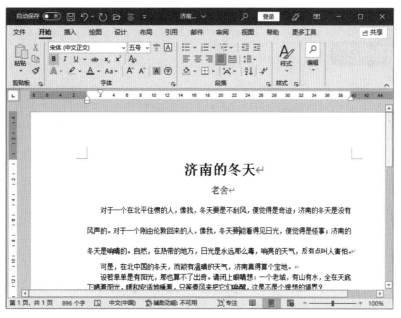

图 3-15　设置 2 倍行距

2. 设置段落间距

设置段落间距的具体操作方法如下：

（1）选中需要改变间距的段落，然后单击"开始"选项卡下的"段落"组右下侧的启动按钮，打开"段落"对话框。在"段前"微调框中输入或使用上下按钮调整至所需的间距值，如"2 行"，如图 3-16 所示。

（2）单击"确定"按钮，返回到文本编辑界面，可以看到选中的段落已经和上一段落之间拉开了两行的距离。

系统默认的段前、段后间距为"自动"模式，如果需要将选中的段落与下一段落之间拉开一定的距离，可以在"段落"对话框的"段后"微调框中设置需要的间距。

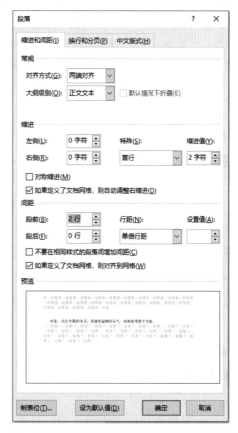

图 3-16　将"段前"微调框的值设为"2 行"

巩固练习

将本任务中文档《济南的冬天》的文本行距设置为"1.5 倍行距",并将段落间距设置为段前 3 行、段后 3 行。

任务 3.4　设置项目符号和编号

学习目标

1. 掌握添加与删除项目符号的操作方法。
2. 掌握自动创建编号的方法。
3. 掌握创建多级列表的操作方法。

任务描述

在文档中,为了使文档的层次结构更清晰、更有条理,经常需要使用项目符号和编号。项目符号是放在文本前的点或其他符号,用于强调一些重要的观点或条目;编号列表用于逐步展开一个文档的内容。在 Word 2021 中可以很方便地创建项目符号和编号列表。

本任务以一段文字为例来学习自动创建项目符号和编号的操作方法。

相关知识

在编辑条理性较强的文档时,通常需要插入一些项目符号和编号,以使文档结构清晰、层次鲜明。项目符号所强调的是并列的多个项,为了强调多个层次的列表项,经常使用的还有多级列表。

多级列表是用于为列表或文档设置层次结构而创建的列表。它可以用不同的级别来显示不同的列表项，例如，在创建多级列表时，可以在第 1 级使用"第 1 章"，第 2 级使用"1.1"，第 3 级使用"1.1.1"等。

Word 2021 规定文档最多可以有 9 个层次级别。

Word 2021 可以在用户输入文本的同时自动创建项目符号和编号，也可以在文本原有的行中添加项目符号和编号。下面介绍添加项目符号和编号的方法。

1．自动创建项目符号

使用"项目符号"下拉菜单进行设置，具体的操作步骤如下：

（1）在打开的文档中，将插入点移动至要设置项目符号的段落的起始位置。单击"开始"选项卡下的"段落"组中的"项目符号"按钮 ，打开"项目符号"下拉菜单，如图 3-17 所示。

图 3-17　"项目符号"下拉菜单

（2）在"项目符号"下拉菜单中选择所需要的项目符号类型，当鼠标指针移动并停留在某个项目符号上时，文档中将自动显示使用该项目符号的效果，单击选中的项目符号即可完成设置。

（3）如果所选择的项目符号类型不符合用户的要求，可以重新选择和设置。打开

"项目符号"下拉菜单后，选择"定义新项目符号"选项，弹出"定义新项目符号"对话框，用户可以自定义项目符号。

（4）如果用户希望使用项目符号的某个符号样式，单击"定义新项目符号"对话框中的"符号"按钮，打开"符号"对话框，如图 3-18 所示，用户可以选择自己喜欢的符号作为项目符号。

（5）如果用户希望项目符号是一个图片样式，单击"定义新项目符号"对话框中的"图片"按钮，打开"插入图片"对话框，如图 3-19 所示，用户可以选择自己喜欢的图片作为项目符号。

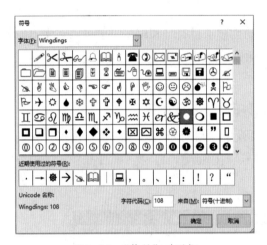

图 3-18 "符号"对话框

图 3-19 "插入图片"对话框

（6）单击"确定"按钮，即可将选定的项目符号应用到所选文档中。

2. 自动创建编号及更改模式

（1）自动创建编号。输入文本的时候，可以自动创建编号，方法与创建项目符号类似。具体操作步骤如下：

1）新建一个空白文档，输入"1."后按空格键或 Tab 键输入文本，按 Enter 键会添加下一个列表项"2."，如图 3-20 所示。

2）接着输入所需要的文本，再次按 Enter 键，依次输入"3.""4."，一直到"5."的内容，如图 3-21 所示。如果要结束本列表，可以连续按两次 Enter 键。

3）如果要在已经创建好的列表中再插入新的列表项，可以直接将插入点移动到需要插入的位置，然后按 Enter 键，系统会根据插入点的位置自动创建编号列表，其后所有的编号都会自动后移一位，只需要在编号后输入内容即可，如图 3-22 所示。

4）如果需要删除编号列表中的某一项或多项，选定列表项后按 Delete 键删除即可，其余的编号会自动调整。

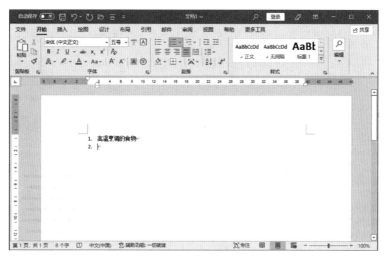

图 3-20　开始编号列表

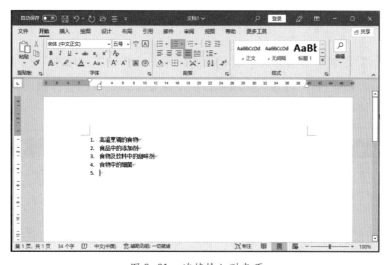

图 3-21　连续输入列表项

（2）更改编号样式。与项目符号的应用一样，在"开始"选项卡下的"段落"组中使用"编号"按钮☷也能更改编号的样式。具体操作步骤如下：

1）打开"编号"下拉菜单，选择"定义新编号格式"选项，弹出图 3-23 所示的"定义新编号格式"对话框。

2）打开"编号样式"下拉列表，有多种编号样式可供用户选择。如果要设置编号样式的字体，单击"字体"按钮，在打开的对话框中可以设置项目编号的字体，设置完成后，单击"确定"按钮，返回"定义新编号格式"对话框。

3. 创建多级列表

创建多级列表的方法非常简单，具体操作步骤如下：

图 3-22　添加新的列表项

图 3-23　"定义新编号格式"对话框

（1）选中需要创建多级列表的文档内容，单击"开始"选项卡下的"段落"组中的"多级列表"按钮，打开"多级列表"下拉菜单，将鼠标指针移动到每一个选项上都可以预览该选项的多级列表效果，如图 3-24 所示。

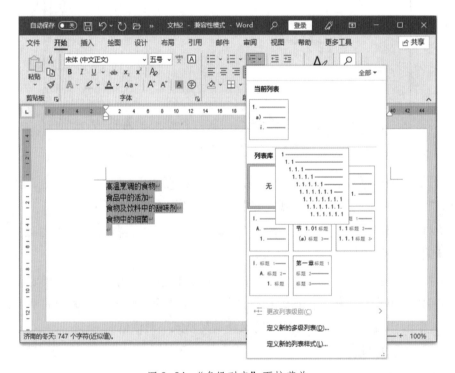

图 3-24　"多级列表"下拉菜单

（2）单击需要的列表选项，可以看到文档中被选中的文本内容都变成了第 1 级符号，如图 3-25 所示。

（3）将光标移动到第二行文本的起始位置，按 Tab 键，此时，该行文本变成了第 2 级符号。相应地，第三行文本的序号由原来的"3"变成了"2"，如图 3-26 所示。

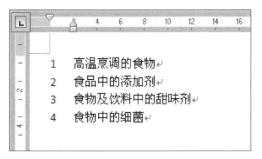
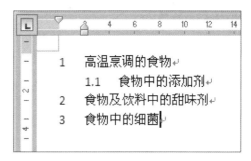

图 3-25 创建一级列表　　　　　图 3-26 创建二级列表

（4）将光标移动到第三行文本，也就是现在标号为"2"的文本起始处，按两次 Tab 键，该行文本就变成了第 3 级符号，如图 3-27 所示。

（5）以此类推，需要创建 N 级列表，就按 N-1 次 Tab 键。读者可以按照该方法尝试一下创建第"2.1"级列表。

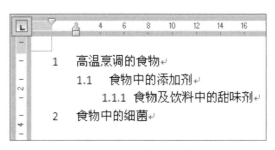

图 3-27 创建三级列表

按照图 3-28 所示的效果输入文本并创建多级列表。

图 3-28 多级列表效果

项目四
表格的基本操作

表格作为显示成组数据的一种形式，用于显示数字和其他项，以便快速引用和分析，具有条理清楚、说明性强、查找速度快等优点，因此使用范围非常广泛。Word 中提供了非常完善的表格处理功能，使用它提供的工具可以迅速地创建和格式化表格。

任务 4.1　创建表格

1. 掌握创建表格的方法。
2. 掌握在表格中添加数据的操作方法。

用户可以使用"插入表格""绘制表格"或"快速表格"选项创建一个空白的表格，也可以使用"文本转换成表格"选项创建一个基于已有数据设置行和列的表格，还可以在 Word 文档中插入 Excel 表格。本任务以创建一个"物品登记表"为例来学习创建空白表格的方法。

图 4-1 所示为本任务所要创建的表格。

物品登记表

图 4-1 需要创建的表格

表格通常用于存放数字、统计数据等，如时间表。使用表格组织的数据易于阅读，便于处理。

Word 2021 提供了以下几种创建表格的方法：

（1）用单元格选择板直接创建表格。

（2）使用"插入表格"选项创建表格。

（3）使用"绘制表格"选项创建表格。

（4）使用"文本转换成表格"选项创建表格。

（5）使用"快速表格"选项创建表格。

表格中必须包含一定的内容，它的存在才会有意义。在表格中输入文本与在文档中其他位置输入文本一样简单，首先要选择输入文本的单元格，把插入点移动到相应的位置，然后直接输入任意长度的文本。

Word 2021 提供了多种创建表格的方法。

1. 用单元格选择板直接创建表格

单击"插入"选项卡下"表格"组中的"表格"按钮，打开"表格"下拉菜单，从单元格选择板中直接创建表格，如图 4-2 所示。

图 4-2　从单元格选择板中直接创建表格

当鼠标指针在单元格选择板上移动时，划过的单元格变为深色显示，表示被选中，同时文档中会自动出现相应大小的表格。在选定的位置单击鼠标左键，文档中的插入点位置出现具有相应行数、列数的表格，同时单元格选择板自动关闭。

这种方法是最直接、最简单的表格创建方法。

2. 使用"插入表格"选项创建表格

使用"插入表格"选项可以创建任意大小的表格。具体操作步骤如下：

（1）将插入点定位在需要创建表格的位置。

（2）单击"插入"选项卡下"表格"组中的"表格"按钮，在弹出的下拉菜单中选择"插入表格"选项，打开图 4-3 所示的"插入表格"对话框。

（3）在"表格尺寸"选项组中输入需要的行数和列数，在"'自动调整'操作"选项组中有 3 个选项：固定列宽、根据内容调整表格、根据窗口调整表格，这里设置列宽自动即可。

（4）如果以后还要生成相同大小的表格，选中"为新表格记忆此尺寸"复选框。这样，下次再使用这种方式创建表格时，对话框中的行数和列数会默认为此数值。

（5）设置行数和列数分别为 7 和 8，单击"确定"

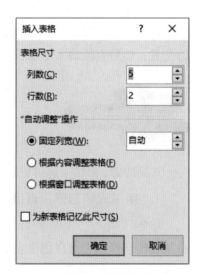

图 4-3　"插入表格"对话框

按钮，在文档插入点处即可生成相应形式的表格，如图 4-4 所示。

图 4-4　插入 7 行 8 列的表格

提示

Word 2021 还提供了自动绘制表格等方法，以创建更复杂的表格。

巩固练习

制作一个简单的学生期末成绩空白表。

单击"插入"选项卡下"表格"组中的"表格"按钮，在"表格"下拉菜单的单元格选择板上选中 8 行 5 列的表格，创建表格。

任务 4.2　修改表格

学习目标

1. 掌握选定表格中的单元格、行或列的方法。
2. 熟悉插入或删除单元格、行或列的方法。
3. 掌握拆分与合并单元格的方法。

任务描述

用户初次创建的表格常常需要修改才能完全符合要求，或者由于实际情况的变更，表格需要相应地进行一些调整，如增加和删除行、列或单元格，合并、拆分单元格等。

下面以任务 4.1 制作的表格为例，来学习增加和删除行、列或单元格，以及合并与拆分单元格的操作方法。

有的时候还需要将一个表格拆分成两个或者多个表格，本任务的学习内容涉及表格的拆分。

相关知识

表格创建完成后，单击表格将出现"表格工具"，其中包含"表设计"和"布局"两个选项卡，使用这两个选项卡可以对表格进行编辑操作，如图 4-5 所示。

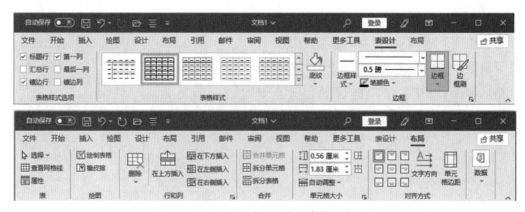

图 4-5 "表设计"选项卡和"布局"选项卡

要增加和删除行、列或单元格，必须先选定表格。选定表格的方法很多，这里仅介绍几种常用的方法。

将插入点置于表格所需要选中的行、列或单元格里，然后单击"布局"选项卡下"表"组中的"选择"按钮，在弹出的下拉菜单中选择需要选取的类型（即表格、行、列或单元格）。

（1）选定一个单元格。将鼠标指针放在要选定的单元格左侧边框附近，当鼠标指针变为斜向右上的实心箭头形状"➤"时，单击鼠标左键即可选定相应的单元格。

（2）选定一行或多行。移动鼠标指针到表格该行左侧外，当其变为斜向右上的空心箭头形状"⟋"时，单击鼠标左键即可选中该行。此时按住鼠标左键，上下拖动就可以选中多行。

（3）选定一列或多列。移动鼠标指针到表格该列顶端外侧，当其变成竖直向下的实心箭头形状"↓"时，单击鼠标左键即可选中该列。此时按住鼠标左键，左右拖动就可以选择多列。

（4）选中多个单元格。按住鼠标左键，在要选取的单元格上拖动，可以选中连续的单元格。如果需要选择分散的单元格，则使用选择单元格的方法选中第一个单元格后，按住 Ctrl 键，再选择其他单元格即可。

（5）选中整个表格。将鼠标指针移动到表格内，当表格左上角出现表格移动控制点"✛"时，单击该控制点即可选中整个表格。或者按住鼠标左键，从左上角向右下拖动，拖过整张表格，也可以选中整个表格。

实践操作

1. 在表格中增加和删除行、列或单元格

（1）在表格上方插入一个空行。在表格中选择待插入行的位置，单击鼠标右键，在弹出的快捷菜单中选择"插入"｜"在上方插入行"选项，如图 4-6 所示。

插入一行的效果如图 4-7 所示。

在表格中插入一个单元格与插入行或列类似，在表格上需要插入单元格的位置单击鼠标右键，打开图 4-6 所示的快捷菜单，选择"插入"｜"插入单元格"选项即可。

图 4-6　选择快捷菜单中的选项

图 4-7　插入一行的效果

提示

　　可以单击"布局"选项卡下的"行和列"组右下侧的启动按钮，在弹出的"插入单元格"对话框中选择"活动单元格下移"单选框或"活动单元格右移"单选框，单击"确定"按钮后插入单元格。

　　（2）删除行、列或单元格。在表格中选中要删除的行、列或单元格，单击"删除"按钮，在弹出的下拉菜单中可以根据删除内容的不同选择相关的删除选项，如图 4-8 所示。选择该下拉菜单中"删除单元格"选项，或单击鼠标右键，在弹出的快捷菜单中选择"删除单元格"选项，会弹出"删除单元格"对话框。在"删除单元格"对话框中选择所需要的选项后，单击"确定"按钮即可删除单元格。

图 4-8　选择"删除"下拉菜单中的选项

2. 合并和拆分单元格

用户可以将相邻的多个单元格合并成为一个单元格。具体操作方法如下：

（1）选中要合并的单元格。

（2）单击鼠标右键，在弹出的快捷菜单中选择"合并单元格"选项，如图 4-9 所示。或在"布局"选项卡下的"合并"组中单击"合并单元格"按钮。

图 4-9　选择"合并单元格"选项

合并单元格的效果如图 4-10 所示。

物品登记表

1								
2								
3								
4								
5								
6								
7								

图 4-10　合并单元格的效果

单元格的拆分是合并的逆操作，可以将一个单元格拆分成多个单元格，也可以将多个单元格拆分成连续的单元格。

选中图 4-10 中合并后的单元格，单击鼠标右键，在弹出的快捷菜单中选择"拆分单元格"选项，弹出"拆分单元格"对话框，如图 4-11 所示。在"列数"和"行数"文本框中输入所需要的列数和行数后，单击"确定"按钮即可。

图 4-11　"拆分单元格"对话框

将选中的单元格拆分成 4 列的效果如图 4-12 所示。

物品登记表

1								
2								
3								
4								
5								
6								
7								

图 4-12　将单元格拆分成 4 列

3. 拆分表格

拆分表格是指将一个表格分成两个表格。具体操作步骤如下：

（1）选中拆分后将成为第二个表格首行的一行，如图 4-13 所示。

物品登记表

1							
2							
3							
4							
5							
6							
7							

图 4-13　选中行

（2）单击"布局"选项卡下的"合并"组中的"拆分表格"按钮即可，拆分后的表格如图4-14所示。

物品登记表

1						
2						
3						

4						
5						
6						
7						

图4-14　拆分后的表格

本巩固练习将继续任务4.1中的内容。

（1）在"表设计"选项卡下的"表格样式"组中选择表格样式"网格表6彩色–着色1"，在"表格样式选项"组中选中"标题行""第一列""汇总行""镶边行"复选框。

（2）将鼠标光标停留在需要绘制斜线的单元格中，单击"表设计"选项卡下的"边框"组中的"边框"按钮，在弹出的下拉菜单中选择"斜下框线"，再在单元格中输入内容，如图4-15所示。

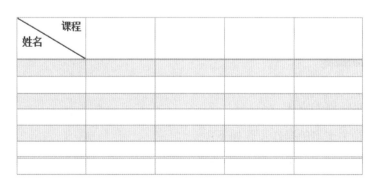

图4-15　制作表格

任务 4.3　表格和文本之间的转换

1. 掌握将表格转换成文本的操作方法。
2. 掌握将文本转换成表格的操作方法。

在 Word 2021 中，允许在文本和表格之间进行相互转换，这个功能大大加快了用户的制表速度。

本任务以"物品登记表"为例来学习文本和表格的相互转换方法。

将文本转换为表格时，需要使用逗号、制表符或其他分隔符标记出新的列开始的位置，Word 2021 会自动识别这些分隔符号，并确定它们所在的列。

将表格转换为文本时，单击"转换为文本"按钮即可，非常简单、快捷。

1. 将表格转换为文本

将表格转换为文本的操作步骤如下：

（1）选择要转换为文本的表格或表格内的行，单击"布局"选项卡下"数据"组中的"转换为文本"按钮，如图 4-16 所示，打开"表格转换成文本"对话框。

（2）在"文字分隔符"下选择所需要的选项，如"制表符"选项，作为替代表边框的分隔符，单击"确定"按钮，转换结果如图 4-17 所示。

2. 将文本转换为表格

将文本转换为表格的操作步骤如下：

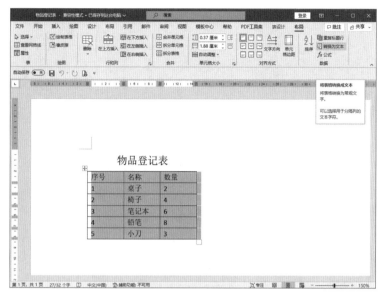

图 4-16 "布局"选项卡下的"数据"组　　图 4-17 转换后的文本

（1）选定需要转换的文本后，单击"插入"选项卡下的"表格"组中的"表格"按钮下拉箭头，在弹出的下拉菜单中选择"文本转换成表格"选项，如图 4-18 所示。

（2）选择"文本转换成表格"选项后，弹出"将文字转换成表格"对话框，在"表格尺寸"选项组下的"列数"文本框中输入所需要的列数（一般情况下，系统会根据文本所设置的分隔符计算出所需要的列数），在"文字分隔位置"选项组下选择所需要的分隔符。完成设置后，单击"确定"按钮即可。转换结果如图 4-19 所示。

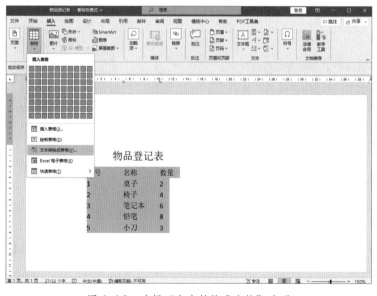

图 4-18 选择"文本转换成表格"选项　　图 4-19 转换后的表格

巩固练习

在任务 4.2 巩固练习创建的表格中输入学生成绩等数据，使所有数据居中对齐，如图 4-20 所示。

姐 课程 名	语文	数学	英语
王二	65	89	77
李二	94	73	82
刘三	75	85	80
张四	89	63	91
孙五	68	78	74
赵六	95	82	89

图 4-20　输入数据且居中对齐

任务 4.4　修饰表格

学习目标

1. 了解自动套用表格格式的操作方法。
2. 熟悉手动设置表格格式的方法。
3. 掌握表格边框和底纹的设置方法。

任务描述

表格在创建完成后，还需要对表格边框、颜色、字体、文本等进行设置，以美化表格。

本任务以任务 4.3 中使用过的表格为例，来学习对表格进行自动套用预设格式及单元格的调整等设置方法。

表格建立之后，需要经过一定的排版，才能具有更好的显示效果。Word 2021 可以为整个表格或表格中的某个单元格添加边框，或用底纹来填充表格的背景。使用"表格工具"中的"设计"选项卡，可以为表格添加美丽的边框和底纹。

Word 2021 内置了多种表格格式，使用任何一种内置的表格格式都可以为表格进行专业的设计。用户也可以根据自己的需要，对表格的文字格式、单元格大小等进行设置。

1. 表格自动套用格式

表格自动套用格式的操作步骤如下：

（1）选中需要修饰的表格，选择"表设计"选项卡，可以看到"表格样式"组中的几种简单的表格样式，如图 4-21 所示。

图 4-21 "表设计"选项卡

单击"上翻"按钮和"下翻"按钮，可以翻动表格样式列表，单击"展开"按钮可以查看所有表格样式。将鼠标指针移动到某一种表格样式上时，在文档中可以预览到表格自动应用该样式后的效果。

对"物品登记表"进行自动套用格式设置，效果如图 4-22 所示。

物品登记表

序号	名称	数量
1	桌子	2
2	椅子	4
3	笔记本	6
4	铅笔	8
5	小刀	3

图 4-22 套用格式后的表格

（2）选择完表格样式后，可以单击"表设计"选项卡下的"表格样式选项"组中的相应按钮来对样式进行调整。读者可以选择这些选项，并观察表格的变化。

2. 设置表格中的文字格式

表格中文字的字体、字号等设置方法与文本中的一样，当字号增大时，表格会自动调整行高与列宽来适应文本。

Word 2021 提供了 9 种不同的单元格文字对齐方式，分别是"靠上左对齐""靠上居中对齐""靠上右对齐""中部左对齐""水平居中""中部右对齐""靠下左对齐""靠下居中对齐""靠下右对齐"。单击"布局"选项卡，在"对齐方式"组中显示了这 9 种对齐方式，读者可以依次尝试，观察不同对齐方式的效果。

3. 设置表格的边框

Word 2021 提供了两种不同的方法来设置表格的边框，具体操作方法如下：

方法 1：

（1）选中需要修饰的表格或需要修饰的单元格，单击"表设计"选项卡下的"边框"组中的"边框"按钮，弹出图 4-23 所示的下拉菜单。

图 4-23 "边框"下拉菜单

（2）选中"上框线"选项，可以发现表格的上框线消失了，如图 4-24 所示。

以此类推，可以对表格的其他框线进行设置。

方法 2：选中需要修饰的表格或单元格，单击"表设计"选项卡下的"边框"组中的"边框"按钮，在弹出的下拉菜单中选择"边框和底纹"选项，打开"边框和底纹"对话框，选择"边框"选项卡，如图 4-25 所示。

物品登记表

序号	名称	数量
1	桌子	2
2	椅子	4
3	笔记本	6
4	铅笔	8
5	小刀	3

图 4-24 设置上框线

图 4-25 "边框"选项卡

在“设置”中选择“方框”选项，则仅对最外面的边框应用选定的边框，不给每个单元格都加上边框；选择“全部”选项，则对每处线条都应用选定的边框。图 4–26 所示为选择“方框”选项后的效果。

物品登记表

序号	名称	数量
1	桌子	2
2	椅子	4
3	笔记本	6
4	铅笔	8
5	小刀	3

图 4–26　选择“方框”选项后的效果

用户还可以根据需要，在“样式”列表框中选择需要的线条样式，在“颜色”下拉列表中选择不同的颜色，在“宽度”下拉列表中选择线条的宽度；或者打开右下角的“应用于”下拉列表，针对“文字”“段落”“单元格”或“表格”进行设置。

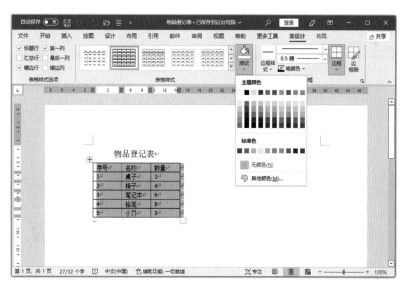

4. 设置表格的底纹

与设置表格的边框相同，Word 2021 同样提供了两种不同的设置表格底纹和颜色的方法。

方法 1：选中需要修饰的表格或表格的某一部分，单击“表设计”选项卡下的“表格样式”组中的“底纹”按钮，打开调色板，如图 4–27 所示。用户可以在调色板中选择所需要的颜色，如果需要其他颜色，选择“其他颜色”选项，在打开的“颜色”对话框中设置即可。

图 4–27　打开调色板

方法 2：选中需要修饰的表格或表格的某一部分，单击“表设计”选项卡下的“边框”组右下侧的启动按钮，或单击鼠标右键，在弹出的快捷菜单中选择“边框和底纹”选项，打开“边框和底纹”对话框，选择“底纹”选项卡后，可以选择需要填充的颜色。用户还可以从"图案"选项组的"样式"下拉列表中选择填充的样式，并在"应用于"下拉列表中选择合适的应用对象，如图 4-28 所示。

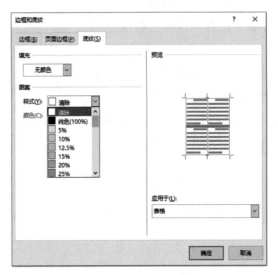

图 4-28 "底纹"选项卡

对任务 4.3 中巩固练习所创建的表格进行修饰，尝试几种不同边框和底纹的设置效果。

任务 4.5 表格的排序与数值计算

1. 掌握表格的排序方法。
2. 了解表格中数值的计算方法。

为了方便查阅，很多情况下要求表格中存储的信息具有一定的排列规则，Word 2021 提供了对表格中的文本、数据进行排序的功能，并可帮助用户完成常用的数学计算。本任务以图 4-29 所示的成绩表为例，来学习如何使用 Word 2021 中的排序功能及求和计算功能。

姓名	语文	数学	英语	总成绩
王一	95	90	93	
李二	94	100	92	
刘三	96	92	94	
张四	92	95	91	
孙五	97	94	90	

图 4-29　成绩表

如果手动对一个数据信息量较大的表格进行排序，工作量很大，也容易出错，Word 2021 为用户提供了简单快捷的按"升序"或"降序"两种顺序排列的功能。

升序指按照字母 A～Z，数字 0～9，或最早的日期到最晚的日期排列。

降序指按照字母 Z～A，数字 9～0，或最晚的日期到最早的日期排列。

Word 2021 的表格提供了强大的计算功能，可以帮助用户完成常用的数学计算。复杂的计算建议用户使用 Excel 来执行。这里只简单地介绍如何计算行或列中的数值总和。

1. 排序操作

在表格中，可以选择对表格中的数字、文字和日期进行排序。排序的关键字可以是一个，也可以是多个，最多不超过 3 个。现以上面的成绩表中"数学"成绩一列为关键字对成绩表排序，具体操作步骤如下：

（1）选择"数学"成绩一列，单击表格工具"布局"选项卡下的"数据"组中的"排序"按钮，打开"排序"对话框。

（2）在对话框中选择所需的排列选项，"主要关键字"默认为要排序的列，"类型"由 Word 2021 自动识别为"数字"，在右边选中"升序"单选框，如图 4-30 所示，单击"确定"按钮，升序排列效果如图 4-31 所示。

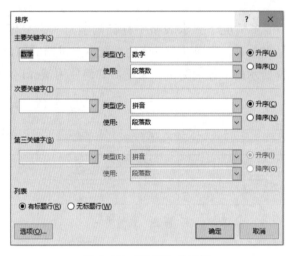

图 4-30　"排序"对话框

姓名	语文	数学	英语	总成绩
王一	95	90	93	
刘三	96	92	94	
孙五	97	94	90	
张四	92	95	91	
李二	94	100	92	

图 4-31　升序排列效果

2. 数值计算

计算行或列中数值总和的操作步骤如下：

（1）单击要放置求和结果的单元格。

（2）单击"布局"选项卡下的"数据"组中的"公式"按钮 ，打开"公式"对话框，如图 4-32 所示。

如果选定的单元格位于某列数值的底端，Word 2021 会建议采用公式"=SUM（ABOVE）"进行计算；如果选定的单元格位于某行数值的右边，Word 2021 会建议采用公式"=SUM（LEFT）"进行计算。

图 4-32　"公式"对话框

（3）确认选定的公式正确，单击"确定"按钮即可完成相应的计算。使用同样的方法计算所有的总成绩，计算结果如图 4-33 所示。

姓名	语文	数学	英语	总成绩
王一	95	90	93	278
刘三	96	92	94	282
孙五	97	94	90	281
张四	92	95	91	278
李二	94	100	92	286

图 4-33　计算结果

提示

如果该行或列中含有空单元格，Word 2021 将不对这一整行或整列进行累加。要对该整行或整列求和，须在每个空单元格中输入零值。

打开任务 4.3 巩固练习中的表格，添加"总成绩"列。

（1）统计每个学生的总成绩，如图 4-34 所示。

姓名＼课程	语文	数学	英语	总成绩
王一	65	89	77	231
李二	94	73	82	249
刘三	75	85	80	240
张四	89	63	91	243
孙五	68	78	74	220
赵六	95	82	89	266

图 4-34　输入数据后求和

（2）按学生的总成绩进行降序排序，如图 4-35 所示。

姓名＼课程	语文	数学	英语	总成绩
赵六	95	82	89	266
李二	94	73	82	249
张四	89	63	91	243
刘三	75	85	80	240
王一	65	89	77	231
孙五	68	78	74	220

图 4-35　学生期末成绩表

项目五
对象的插入

图像作为信息的一种载体，与文字相比具有信息量大、直观等特点，容易引起读者注意。在制作文档时，用户有时希望能够图文并茂，这样不但内容丰富，而且还会增加视觉效果。Word 2021 可以使用两种基本类型的图片来增强文档的效果，即图形对象和图片。

任务 5.1　插入图片并设置图形对象格式

学习目标

1. 掌握插入图片文件的操作方法。
2. 了解以对象的方式插入图像的方法。
3. 熟悉设置图片的操作方法。
4. 掌握裁剪图片的操作方法。

任务描述

为了增强文档的可视性，向文档中添加图片是一项基本操作。Word 2021 提供了 9

种插入图片的方式，用户可以方便地在文本编辑中插入需要的图片。

图片放置在文档中后，会存在这样或那样的问题，如图片大小、位置或文字环绕方式不合适等。本任务将以插入图片为例来学习设置图片大小、文字环绕方式与格式等。

插入文档中的图片来源有来自设备、图像集及联机图片等。使用"插入"选项卡下的"插图"组中的"图片"按钮，可以方便地插入以上类型的图片。

要修改图片的格式，需要选中该图片（在图片上单击），当图片周围出现控制点时即选中了图片。此时，功能区出现图 5-1 所示的"图片格式"选项卡，它里面包含了图片处理的相应工具。

图 5-1 "图片格式"选项卡

1. 插入来自此设备的图片

在文档中插入来自此设备的图片的操作步骤如下：

（1）将插入点放置于要插入图片的位置。

（2）单击"插入"选项卡下"插图"组中的"图片"按钮，在弹出的下拉菜单中选择"此设备"，打开"插入图片"对话框，如图 5-2 所示。

（3）双击需要插入的图片，就可以将图片插入到文档指定的位置。

2. 插入来自图像集的图片

在文档中插入来自图像集的图片的操作步骤如下：

图 5-2 "插入图片"对话框

（1）将插入点置于要插入图片的位置。

（2）单击"插入"选项卡下"插图"组中的"图片"按钮，在弹出的下拉菜单中选择"图像集"，打开"图像集"对话框，如图 5-3 所示。

图 5-3 图像集

（3）双击需要插入的图片，就可以将图片插入到文档指定的位置，如图5-4所示。

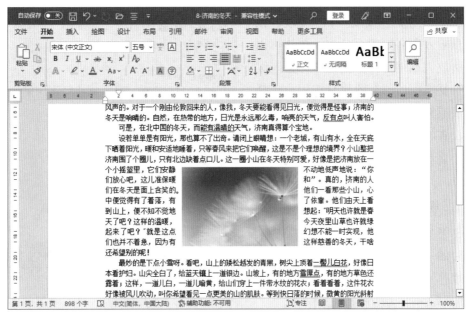

图5-4　插入图片效果

3. 设置图片的大小

设置图片大小的方法如下：

（1）选中要设置大小的图片。

（2）将鼠标指针移动到任意一个角的尺寸控制点上，如右上角，可以看到其变成"↗"空心的指针形状，按住鼠标左键沿箭头指示方向拖动尺寸控制点，向内拖动则按比例缩小图片，向外拖动则按比例放大图片。Word 2021提供了实时预览功能，提示用户当前缩放的尺寸。图5-5所示为缩放图片。

（3）松开鼠标左键，图片就缩放到用户需要的大小。这样的缩放不会更改图片文件的字节数，如果需要再放大图片，不会因为缩放影响图片的显示质量。

图5-5　缩放图片

用户也可以单击"图片格式"选项卡下"大小"组中"高度"按钮和"宽度"按钮右侧的微调框进行数值的设定。这样的设定比较精确，而且是按比例进行缩放的。

单击"图片格式"选项卡下"大小"组右下侧的启动按钮，打开图5-6所示的"布局"对话框。

在该对话框中同样能设置图片的高度和宽度，还能设置缩放的比例。在"缩放"选项组的"高度"和"宽度"微调框里输入所需要的百分比，图片可以按比例放大或缩小。取消选中"锁定纵横比"复选框，那么图片只按用户选择的高度或宽度比例缩放。用户可以尝试查看设置的效果。如果需要恢复图片原始大小重新进行设置，单击"重置"按钮即可。

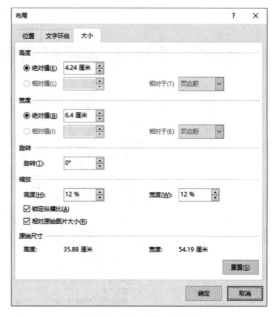

图 5-6 "布局"对话框

4. 裁剪图片

在很多情况下，用户可能只需要某张图片的一小部分，这样就需要对插入的图片进行裁剪。具体操作步骤如下：

（1）单击选取需要裁剪的图片。

（2）单击"图片格式"选项卡下"大小"组中的"裁剪"按钮，此时图片周围出现图 5-7 所示裁剪标识。

图 5-7 裁剪图片

（3）将鼠标指针移动到裁剪控制点上，鼠标指针根据所选择的裁剪控制点进行相应的操作。图 5-7 中选择了右上角的控制点，当鼠标指针变成相应的形状后，按住鼠标左键向内拖动，系统提示当前选择的区域，放开鼠标左键，留下的部分就是方框圈出来的部分，这样就完成了图片的裁剪。

  提示

> 如果要同时相等地裁剪两边，可以在选中需要裁剪的某一边的控制点后，按住 Ctrl 键进行拖动；如果要同时相等地裁剪四边，可以在选中某一角的控制点后，按住 Ctrl 键进行拖动。

5. 修饰图片

Word 2021 提供了多种图片样式，使用它们，用户可以非常容易地给图片加上各种效果，制作出精美的图片。

修饰图片的具体操作步骤如下：

（1）选中要修饰的图片。

（2）单击"图片格式"选项卡下"图片样式"组中的效果按钮，如"金属框架"按钮，将鼠标光标移动到该按钮上停留，下方会弹出对该按钮实现效果的说明。修改图片样式后的效果如图 5-8 所示。

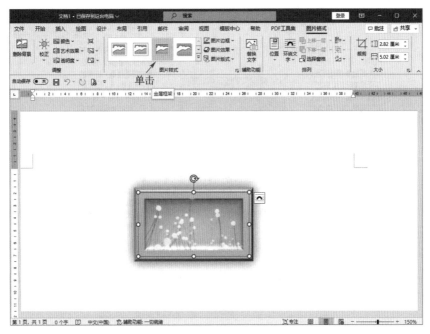

图 5-8　修改图片样式后的效果

6. 设置版式

Word 2021 提供了不同的环绕类型，允许用户为不在绘图画布上的浮动图片或图形对象更改该设置，但不能更改已在绘图画布上的对象的设置。具体操作步骤如下：

（1）单击选定图片或图形对象。

（2）单击"图片格式"选项卡下"排列"组中的"环绕文字"按钮，在弹出的下拉菜单中列出了几种常用的文字环绕方式，用户可以根据需要进行选择。Word 2021中图片默认以"四周型"方式插入到文档中。图 5-9 所示为选择四周型环绕方式的效果。

如果需要其他文字环绕方式或者对图像与正文的距离进行更精确的设置，则单击"图片格式"选项卡下"排列"组中的"位置"按钮，在弹出的下拉菜单中选择"其他布局选项"，在弹出的"布局"对话框中选择"文字环绕"选项卡，如图 5-10 所示。可以在"环绕方式"选项组中选择合适的环绕方式，在"环绕文字"选项组中选择文字的位置，在"距正文"选项组的"上""下""左""右"文本框中输入文字与图片的精确距离。设置完成后，单击"确定"按钮关闭对话框。

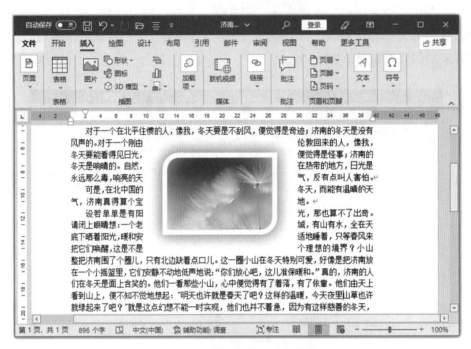

图 5-9　四周型环绕方式的效果

图 5-10　"布局"对话框

提示

　　若图片以"嵌入型"方式插入文档，则不能随意移动位置，也不能在周围环绕文字。如果"布局"对话框中"位置"选项卡中的"水平""垂直"选项组和"文字环绕"选项卡中的"环绕文字"及"距正文"选项组为灰色（即不可用），可以设置图片为非嵌入型的环绕方式，这时所有的功能都会变为可用。

在 Word 中插入图 5-11 所示的图形，并输入相应文字。

图 5-11　效果图

任务 5.2　插入艺术字

1. 掌握插入艺术字的操作方法。
2. 熟悉设置艺术字形状的方法。

艺术字是指使用现成效果创建的文本对象，在制作文档时，为了使文档更美观，用户会经常使用到艺术字。本任务将学习在文档中插入艺术字并进行编辑。图 5-12 所示就是经过编辑的艺术字效果。

Word 2021

图 5-12　经过编辑的艺术字效果

单击"插入"选项卡下"文本"组中的"艺术字"按钮，可以插入装饰文字。用户可以创建带阴影的、扭曲的、旋转的或拉伸的文字，也可以按预定义的形状创建文字。

1．插入艺术字

插入艺术字的具体操作步骤如下：

（1）将鼠标光标定位在准备插入艺术字的位置。

（2）单击"插入"选项卡下"文本"组中的"艺术字"按钮，弹出图 5-13 所示的下拉菜单。

（3）单击所需要的艺术字样式，光标所在位置将显示图 5-14 所示的内容，提示用户输入内容，用户可以在这里输入文本，如输入"Word 2021"。

（4）此时可以看到输入的文字已经以艺术字的方式显示出来。

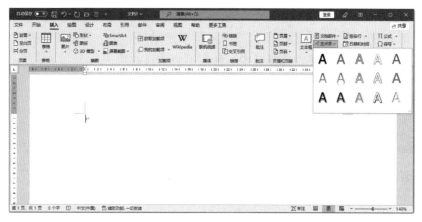

图 5-13　"艺术字"下拉菜单

图 5-14　编辑"艺术字"内容

2. 设置艺术字的形状

Word 2021 中提供了大量预定义的艺术字形状供用户使用。设置艺术字形状的具体操作步骤如下：

（1）选中需要设置形状的艺术字，此时会出现"形状格式"选项卡，如图 5-15 所示。

图 5-15　"形状格式"选项卡

（2）单击"形状格式"选项卡下"艺术字样式"组中的"文本效果"按钮，在弹出的下拉菜单中选择"转换"选项，其中显示了预定义形状，将鼠标指针停留在这些选项上时可以预览选择效果。选择其中一种即可应用该效果。

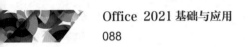

制作图 5-16 所示的艺术字。

图 5-16　艺术字

任务 5.3　插入 SmartArt 图形

1. 掌握插入 SmartArt 图形的操作方法。
2. 熟悉 SmartArt 图形的修改方法。

SmartArt 图形是信息和观点的视觉表示形式，并使文档更加生动。Word 2021 支持的 SmartArt 图形包括列表、流程图、层次结构图等。本任务学习如何插入和编辑 SmartArt 图形。

相关知识

单击"插入"选项卡下"插图"组中的"SmartArt"按钮，弹出"选择 SmartArt 图形"对话框。在该对话框中有多种类型的 SmartArt 图形可供用户选择，分别为"列表""流程""循环""层次结构""关系""矩阵""棱锥图"和"图片"，如图 5-17 所示。

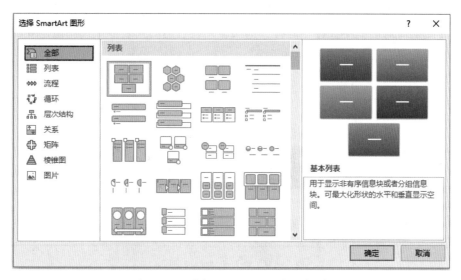

图 5-17　"选择 SmartArt 图形"对话框

当用户添加或更改一个 SmartArt 图形时，Word 2021 将自动打开"SmartArt 设计"选项卡和"格式"选项卡，如图 5-18 所示。

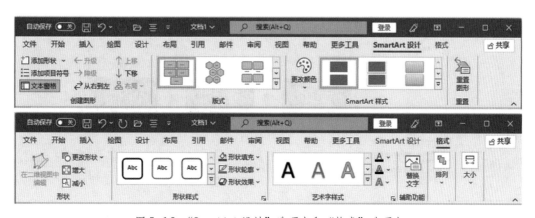

图 5-18　"SmartArt 设计"选项卡和"格式"选项卡

用户可以使用预设的样式为整个图表设置格式，或者使用与设置形状格式相类似的方式，如添加颜色和文字，更改线条和样式，添加填充、纹理和背景等，来设置某些部分的格式。例如，制作一个完整的流程图，具体操作步骤如下：

（1）单击"插入"选项卡下"插图"组中的"SmartArt"按钮，在弹出的"选择SmartArt图形"对话框中选择"流程"选项，并在右边的列表框中选择所需要的图形，单击"确定"按钮，效果如图 5-19 所示。

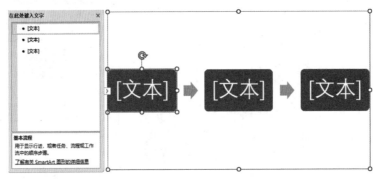

图 5-19　插入 SmartArt 图形

（2）选择左边文本输入框中的"文本"选项，分别输入文字"立项""策划""评估"，如图 5-20 所示。随着文本的输入，Word 2021 会自动更改文本的字号，以适应SmartArt 图形的大小。

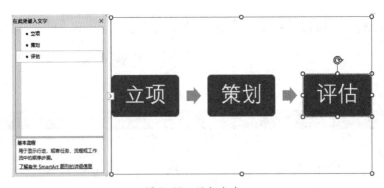

图 5-20　添加文本

（3）如需要增加流程项，在最后一项上单击鼠标右键，在弹出的快捷菜单中选择"添加形状"|"在后面添加形状"选项，如图 5-21 所示。SmartArt 图形会自动缩小，

并加入一个空白项，用户可以依照前面的步骤输入文本。

（4）用户可以根据自己的需要设置流程项的形状。在需要更改的选项上单击鼠标右键，在弹出的快捷菜单中选择"更改形状"选项，并在子菜单中选择自己所需要的形状即可。

（5）用户可以根据自己的需要，在图 5-21 所示的快捷菜单中快速选择，修改流程项中文本的字体等。单击"格式"选项卡下"形状样式"组右下侧的启动按钮，打开"设置形状格式"窗格，也能对 SmartArt 图形进行相应的修改，如图 5-22 所示。

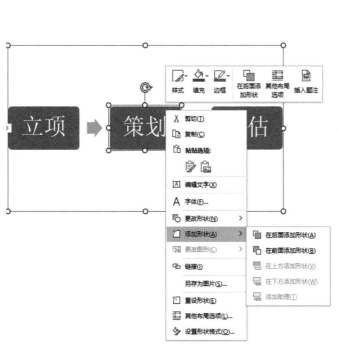

图 5-21　增加流程项

图 5-22　"设置形状格式"窗格

"设置形状格式"窗格中包括"形状选项"和"文本选项"两大类，用户根据需要进行设置即可，使用方法不再赘述。

（6）编辑完毕，单击 SmartArt 图形以外的任何空白处即可完成修改。

使用 SmartArt 图形制作图 5-23 所示的流程图。

图 5-23　流程图

任务 5.4　插入公式

1. 了解公式编辑器的使用方法。
2. 掌握输入数学公式的操作方法。

　　输入文本时不仅需要输入文字和字母，有时还会遇到许多输入数学公式的情况，此时，公式编辑器可以帮助用户编辑此类文档。

　　本任务以输入公式 $f(x)=\dfrac{a^x}{a^x+\sqrt{a}}$ 为例来学习公式编辑器的使用方法。

在 Word 2021 中插入公式，可以利用"插入"选项卡下"符号"组中的"公式"按钮，在文档的公式编辑区域内进行编辑；也可以利用"公式"按钮的下拉菜单直接输入并编辑数学公式。

单击"公式"按钮$\overset{\pi}{_{公式}}$后，用户可以利用公式编辑器的工具栏输入符号、数字和变量，快捷地建立复杂的数学公式。建立公式时，公式编辑器可以根据数学和排字格式约定，自动调整公式中元素的大小、间距和格式编排，还可以方便、快速地修改已经制作好的数学公式，将公式与文档进行互排。

1. 使用"公式"按钮输入公式

下面以输入公式 $f(x)=\dfrac{a^x}{a^x+\sqrt{a}}$ 为例，具体操作步骤如下：

（1）单击要插入公式的位置，输入"$f(x)=$"。

（2）单击"插入"选项卡下"符号"组中的"公式"按钮，在打开的下拉菜单中选择"插入新公式"，此时功能区会出现"公式"选项卡，如图 5-24 所示。同时，在插入点处出现公式编辑区域。

图 5-24　"公式"选项卡

（3）从"公式"选项卡下的"结构"组中选择所需要创建公式的样板或框架，本例中单击"分式"按钮，在弹出的下拉菜单中选择"$\frac{\square}{\square}$"选项，此时公式编辑区域显示为 $f(x)\frac{\square}{\square}$。

（4）将插入点移动到分子上，单击"结构"组中的"上下标"按钮，在弹出的下拉菜单中选择"$\square^{\square}$"选项，用鼠标分别单击选中输入框，输入框变成灰色后即可输入字母"a"和"x"。此时，公式编辑区域显示为 $f(x)$□。

（5）将插入点移动到分母上，使用同样的方法输入"a^x+"，此时，公式编辑区域显示为 $f(x)$□。

（6）单击"根式"按钮，在弹出的下拉菜单中选择"$\sqrt{\square}$"选项，并在根号内输入"a"，输入完成的公式如图 5-25 所示。

$$f(x)=\frac{a^x}{a^x+\sqrt{a}}$$

图 5-25 输入完成的公式

如果用户需要编辑已有的公式，只需单击公式，"公式"选项卡会自动出现。使用"公式"选项卡上的功能按钮来添加、删除或更改公式中的元素即可。

2. 利用"公式"下拉菜单输入公式

单击"插入"选项卡下"符号"组中的"公式"按钮右侧的下拉箭头，可以打开"公式"下拉菜单，如图 5-26 所示。

用户可以从中选择常用的公式模板，并根据需要改变变量和数字即可。在创建公式时，公式编辑器会自动调整格式，用户也可以选择手动调整。

Word 2021 还提供了如积分、大型运算符、函数、矩阵等功能按钮，利用这些功能按钮，用户可以方便地生成较复杂的数学公式。

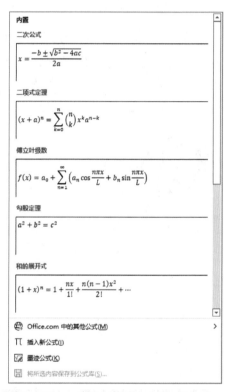

图 5-26 "公式"下拉菜单

巩固练习

输入图 5-27 所示的数学公式。

$$f(x)=\frac{x^2+x+1}{\sqrt{y^2+y+8}}$$

图 5-27 数学公式

项目六
文档的排版与打印

在实际工作中，用户可以根据需要对文档进行个性化设置，如为不同的章节设置不同的页眉、页脚或不同的版式。文档页面的设置会影响整个文件的全局样式，用户可以使用 Word 2021 编排出清晰、美观的文档画面。

任务 6.1　设置页眉、页脚和页码

学习目标

1. 掌握页眉和页脚的设置方法。
2. 掌握设置页码的操作方法。
3. 掌握删除页眉、页脚和页码的方法。

任务描述

页眉和页脚通常用于显示文件的附加信息，如页码、日期、作者名称、单位名称、徽标或章节名称等文字或图形。本任务学习如何给文档添加页眉、页脚和页码。

图 6-1 所示为文档添加了页眉和页脚的效果。

第一章　散文

摘目《老舍散文选》

图 6-1　文档添加了页眉和页脚的效果

页眉位于页面的顶部，页脚位于页面的底部。Word 2021 可以给文档的每一页建立相同的页眉和页脚，也可以在文档的不同部分使用不同的页眉和页脚。例如，可以交替更换页眉和页脚，即在奇数页和偶数页上建立不同的页眉和页脚。

页码就是给文档每页编的号码，便于读者阅读和查找。

1. 添加页眉和页脚

添加页眉和页脚的操作步骤如下：

（1）单击"插入"选项卡下"页眉和页脚"组中的"页眉"按钮，在弹出的下拉菜单中列举了 Word 2021 内置的页眉样式，用户可以根据需要去选择，如图 6-2 所示。

图 6-2　"页眉"下拉菜单

（2）"页眉"下拉菜单中的第一个选项"空白"页眉是最简单的页眉，选择该选项后，文档中出现页眉编辑区，并提示用户输入文字的位置，如图6-3所示。

图6-3　插入页眉

（3）输入"第一章　散文"，如图6-4所示。

图6-4　输入页眉内容

（4）双击文档空白处，就可以退出页眉的编辑了。

（5）添加页脚的操作与添加页眉相似，这里不再赘述。

提示

　　　页眉和页脚的编辑可以像文本的编辑一样设定格式，如靠右对齐、居中对齐等。完成页眉和页脚设置后，在页眉和页脚上的文字和图片都呈半透明状。如果需要再次编辑，只需要再次单击"页眉"或"页脚"按钮，打开下拉菜单，选择"编辑页眉"或"编辑页脚"选项即可。

2. 设置首页不同与奇偶页不同

　　使用以上方法只能创建同一种类型的页眉或页脚，即全书每一页的页眉或页脚都完全相同。而在书籍等出版物中，通常需要在偶数页页眉和奇数页页眉上设置不同的文字，并在每章的首页设置不同的页眉。此时，双击页眉或页脚的位置，再选中"页眉和页脚"选项卡下"选项"组中的"首页不同"复选框，就可以在文档的第一页建立与其他页不相同的页眉和页脚，如图 6-5 所示。

图 6-5　建立首页页眉

类似地，选中下方的"奇偶页不同"复选框，在页面左边会出现"奇数页页眉"提示，用户输入需要设置的页眉内容后转至下一节，在页面左边会出现"偶数页页眉"提示，用户再输入偶数页的页眉，如图 6-6 所示。

图 6-6　奇偶页页眉不同

单击"关闭页眉和页脚"按钮，返回文档编辑状态。在编排文档内容时，页眉与页脚将根据奇偶页的不同而发生相应的变化。

3. 删除页眉和页脚

删除页眉和页脚的具体操作步骤如下：

（1）单击"插入"选项卡下"页眉和页脚"组中的"页眉"或"页脚"按钮，打开下拉菜单。

（2）从下拉菜单中选择"删除页眉"或"删除页脚"选项即可。

4. 设置页码

页码是给文档每页编的号码，一般放置在页眉或页脚处，也可以放在文档的其他位置。

插入页码的具体操作步骤如下：

（1）单击"插入"选项卡下"页眉和页脚"组中的"页码"按钮，弹出下拉菜单。

（2）用户根据需要，选择页码在文档中显示的位置，如页面顶端、页面底端或者页面右侧，甚至可以是当前位置。

（3）单击"关闭页眉和页脚"按钮，就自动生成了页码，随着文档页数的增加，页码也会自动增加。

（4）页码编号形式有"续前节"和"起始页码"两种，可单击"插入"选项卡下"页眉和页脚"组中的"页码"按钮，在下拉菜单中选择"设置页码格式"选项，在弹出的"页码格式"对话框中设置，请读者自行设置并体会两者之间的区别。

为文档《济南的冬天》设置页脚，如图6-7所示。

图 6-7　设置页脚

任务 6.2　设置边框与底纹

边框和底纹用于美化文档，同时也可以起到突出重要内容的作用，以此引起读者的关注，激发读者的兴趣。本任务以文档《济南的冬天》为例，学习为选定的一段文字添加边框（见图6-8）的方法，再给文档设置底纹颜色（见图6-9）。

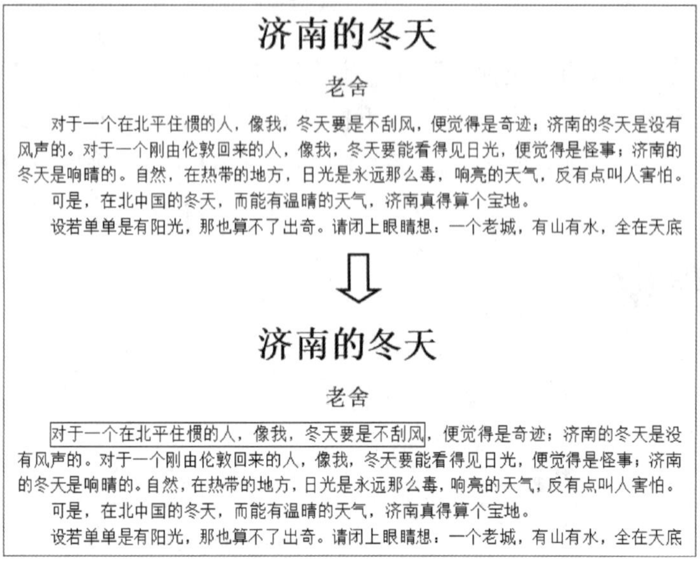

图 6-8　添加边框效果

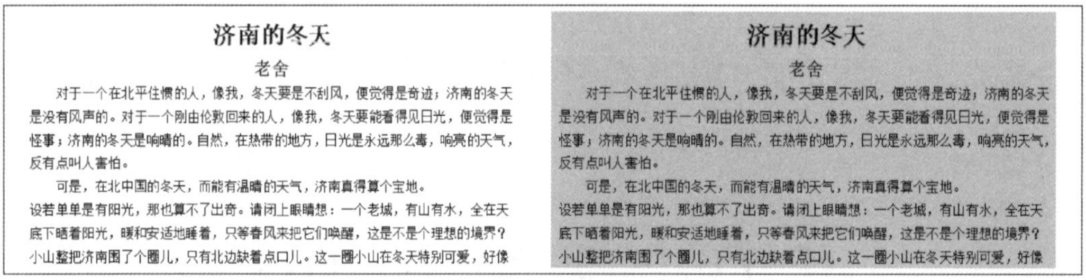

图 6-9　添加底纹效果

用户可以为页面、文本、表格及图形、图片等对象设置边框和底纹。

（1）页面边框：用户可以为文档中每页的任意一边或所有边添加边框，也可以只为某节中的页面、首页或除首页以外的所有页面添加边框。在 Word 2021 中有多种线条样式和颜色及各种图形的页面边框。

（2）边框：用户可以通过添加边框来将部分文本（或段落）与文档中的其他部分区分开来。

（3）底纹：用户可以通过底纹来突出显示部分文本（或段落）。

实践操作

1．添加边框

为文字或段落添加边框就是把使用者认为重要的文字或段落用边框框起来，以起到提醒的作用。下面以文档《济南的冬天》为例给文字添加边框。

具体操作步骤如下：

（1）选中需要添加边框的文本。

（2）单击"设计"选项卡下"页面背景"组中的"页面边框"按钮，打开"边框和底纹"对话框，选中"边框"选项卡，如图6-10所示。

（3）从"设置"选项组的"无""方框""阴影""三维"和"自定义"5种类型中选择所需要的边框类型。

（4）从"样式"列表框中选择边框框线的样式。

（5）从"颜色"下拉列表中选择边框线的背景色（这种背景色是可以打印出来的）。

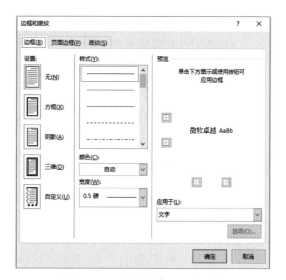

图6-10　"边框和底纹"对话框

（6）从"宽度"下拉列表中选择边框框线的宽度。

（7）在"预览"选项组设置要添加边框的位置。自定义边框可以由1～4条边线组成。

（8）在"预览"选项组的"应用于"下拉列表中选择边框格式应用的范围，有"文字"和"段落"两个选项可供选择。如果是给某个段落中的部分文字加边框，则选择应用于"文字"；如果是给整个段落加边框，则选择应用于"段落"。

（9）单击"确定"按钮完成设置。添加边框后的效果如图6-11所示。

2．添加底纹

若想给文字或段落打印背景色，可以添加底纹。给文字或段落添加底纹的具体操作步骤如下：

（1）选择需要添加底纹的文字或段落。

济南的冬天

老舍

对于一个在北平住惯的人，像我，冬天要是不刮风，便觉得是奇迹；济南的冬天是没有风声的。对于一个刚由伦敦回来的人，像我，冬天要能看得见日光，便觉得是怪事；济南的冬天是响晴的。自然，在热带的地方，日光是永远那么毒，响亮的天气，反有点叫人害怕。

可是，在北中国的冬天，而能有温晴的天气，济南真得算个宝地。

设若单单是有阳光，那也算不了出奇。请闭上眼睛想：一个老城，有山有水，全在天底

图 6-11　添加边框后的效果

（2）单击"设计"选项卡下"页面背景"组中的"页面边框"按钮，在打开的"边框和底纹"对话框中选择"底纹"选项卡。

（3）在"填充"框中可以为底纹选择添加填充色。

（4）在"预览"选项组的"应用于"下拉列表中选择底纹格式应用的范围，有"文字"和"段落"两个选项可供选择。如果是给某个段落中的部分文字加底纹，则选择应用于"文字"；如果是给整个段落加底纹，则选择应用于"段落"。

（5）在"图案"选项组中可以选择底纹的样式和颜色，在"样式"下拉列表中选择所需要的图案样式。如果不需要图案，可以选择"样式"下拉列表中的"清除"选项。

（6）设置完毕，单击"确定"按钮，保存设置并返回，新设置的边框和底纹将应用于所选择的项目。设置底纹后的效果如图 6-12 所示。

济南的冬天

老舍

对于一个在北平住惯的人，像我，冬天要是不刮风，便觉得是奇迹；济南的冬天是没有风声的。对于一个刚由伦敦回来的人，像我，冬天要能看得见日光，便觉得是怪事；济南的冬天是响晴的。自然，在热带的地方，日光是永远那么毒，响亮的天气，反有点叫人害怕。

可是，在北中国的冬天，而能有温晴的天气，济南真得算个宝地。

设若单单是有阳光，那也算不了出奇。请闭上眼睛想：一个老城，有山有水，全在天底下晒着阳光，暖和安适地睡着，只等春风来把它们唤醒，这是不是个理想的境界？小山整把济南围了个圈儿，只有北边缺着点口儿。这一圈小山在冬天特别可爱，好像

图 6-12　设置底纹后的效果

巩固练习

对本任务中的文档设置其他的边框和底纹，并对比设置效果。

任务 6.3 设置分节与分栏

学习目标

1. 掌握文档分节的设置方法。
2. 掌握创建版面分栏的操作方法。

任务描述

编辑一个文档时，Word 2021 将整篇文档作为一节对待。有时用户需要将一个较长的文档分割成多节，以便单独设置每节的格式和版式。本任务学习如何设置分节与分栏，分节效果如图 6-13 所示。

图 6-13 分节效果

相关知识

在日常处理文档时，常常需要使用分节与分栏，翻开各种报纸、杂志，分栏版面随处可见。在 Word 2021 中可以很容易地设置分栏，还可以在不同节中分设不同的栏数和格式。

实践操作

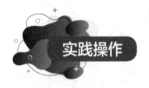

1. 设置文档分节

Word 2021 中可以使用分节符来进行分节，分节符是在节的结尾插入的标记。插入分节符的操作步骤如下：

（1）将鼠标光标移动到需要加入分节符的位置。

（2）单击“布局”选项卡下“页面设置”组中的“分隔符”按钮，打开图 6–14 所示的下拉菜单。

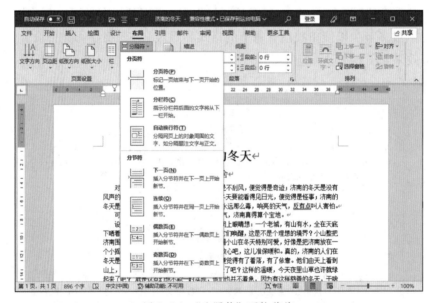

图 6–14 “分隔符”下拉菜单

（3）在“分节符”选项组中有 4 种类型，图 6–15 所示的文档就是在“分节符”选项组中选择了“连续”分节符后的效果。

济南的冬天

老舍

对于一个在北平住惯的人，像我，冬天要是不刮风，便觉得是奇迹；济南的冬天是没有风声的。对于一个刚由伦敦回来的人，像我，冬天要能看得见日光，便觉得是怪事；济南的冬天是响晴的。自然，在热带的地方，日光是永远那么毒，响亮的天气，反有点叫人害怕。

可是，在北中国的冬天，而能有温晴的天气，济南真得算个宝地。分节符(连续)

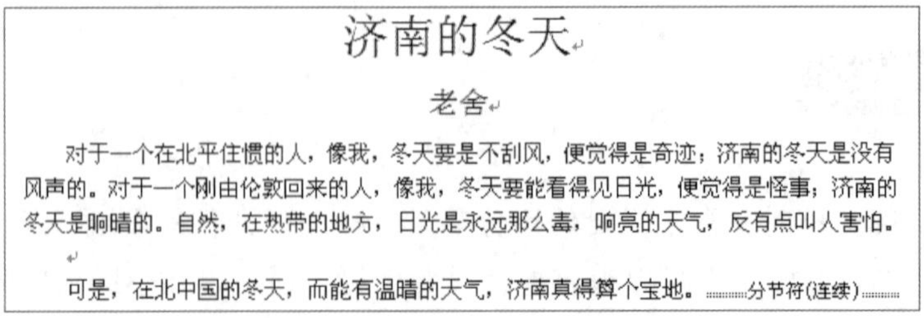

图 6–15 插入“连续”分节符

如果用户在文档中看不到分节符，可以单击"开始"选项卡下"段落"组中的"显示 / 隐藏编辑标记"按钮 ↵。

2. 创建版面的分栏

创建版面分栏的具体操作步骤如下：

（1）单击"布局"选项卡下"页面设置"组中的"栏"按钮，弹出"分栏"下拉菜单，在下拉菜单中可以选择"一栏""两栏""三栏""偏左"和"偏右"分栏格式。图 6-16 所示为分为两栏后的效果。

（2）如果对预置的分栏格式不满意，可以选择下拉菜单中的"更多栏"选项，在弹出的"栏"对话框中设置需要分割的栏数，栏数可以选择 1 ～ 11 栏。

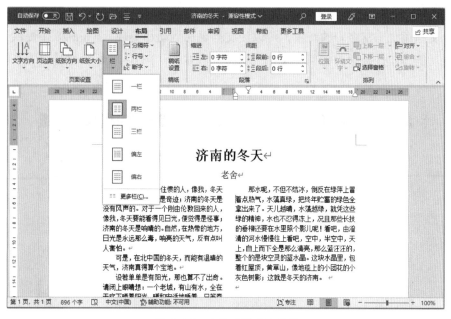

图 6-16 分为两栏后的效果

巩固练习

将本任务中的文档《济南的冬天》的正文部分设置为三栏显示。

任务 6.4　设置文档背景与水印

1. 掌握文档背景的设置方法。
2. 掌握文档水印的设置方法。

任务描述

给文档添加丰富多彩的背景，可以使文档更加生动和美观。Word 2021 提供了强大的背景功能，本任务学习如何给文档设置背景和水印。图 6-17 所示就是设置水印后的效果。

图 6-17　水印效果

相关知识

Word 2021 可以使用一张图片作为文件背景；也可以给文本加上织物状底纹，背景的颜色可以任意调整；还可以制作出带有水印的背景效果。但是在预设情况下打印文档的时候，背景不会被打印出来。如果需要打印背景色和图像，可单击"文件"菜单，再单击下拉菜单中的"选项"，在弹出的"Word 选项"对话框中选择"显示"选项卡，在"打印选项"组中选中"打印背景色和图像"复选框即可。

实践操作

1. 设置文档背景

Word 2021 提供了 50 余种预置的颜色，用户可以选择这些颜色作为文档背景，也可以选择其他颜色作为文档背景。

为文档设置背景颜色的操作步骤如下：

（1）选中需要分栏的文本，单击"设计"选项卡下"页面背景"组中的"页面颜色"按钮，打开调色板，当鼠标指针在各色块上停留时，可以在文档中预览应用此颜色的效果。单击要作为背景的色块，Word 2021 将该颜色作为纯色背景应用到文档的所有页面中。

（2）如果现有颜色不能满足用户的需求，还可以选择"其他颜色"选项，在打开的"颜色"对话框中选择"标准"选项卡，在"颜色"区域单击选中的颜色，即可将该颜色设置为背景色。

2. 设置水印

水印是一种特殊的背景，是指印在页面上的透明花纹，它可以是一幅图、一张图表或一种艺术字体。当使用者在页面上创建水印后，它在页面上显示为灰色，成为正文的背景，从而起到美化文档的作用。

下面以设置文字水印为例介绍水印的设置方法。

（1）单击"设计"选项卡下"页面背景"组中的"水印"按钮，打开下拉菜单，可以看到系统预置的一些水印，选择需要的选项即可。如果要设置用户自己的水印，可以选择"自定义水印"选项，打开"水印"对话框，如图 6-18 所示。

（2）选中"文字水印"，在"文字"栏中输入"济南的冬天"。再利用"字体""字号""颜色"下拉列表为水印文

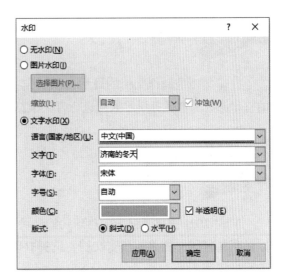

图 6-18　"水印"对话框

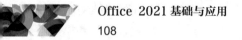

字设置字体、字号与颜色。

（3）在"版式"选项组中选择水印文字方向后，单击"确定"按钮，完成水印的设置。

将本任务中文档的水印设置为"老舍"二字。

任务6.5　打印文档

1. 掌握打印文档前预览文档的方法。
2. 熟悉打印文档的方法。

打印文档是制作文档的最后一项工作，想打印出满意的文档，需要设置许多相关的打印参数。本任务学习如何进行打印预览和执行打印操作。

Word 2021 提供了强大的打印功能，可以轻松地按照用户的要求打印文档，不但可以做到在打印文档之前预览文档、选择打印区域，还可以一次打印多份文档或对版面进行缩放等。

1. 打印预览

Word 2021 提供了打印预览功能，在打印文档前，用户可以预览文档的打印效果。如果用户用来打印文档的纸张类型与页面设置中的一致，则用户观察到的文档排版效果实际上就是打印效果，即常说的"所见即所得"功能。

使用下面两种方法都可以预览文档的打印效果。

方法 1：打开要预览的文档，单击"文件"菜单，选择"打印"选项，弹出图 6-19 所示的窗口，在窗口的右侧即可看到文件的打印效果。

方法 2：单击快速访问工具栏上的"打印预览和打印"按钮，可以快速打开图 6-19 所示的打印预览窗口。

2. 打印文档的一般操作

针对不同的文档，可以使用不同的方法打印。如果已经打开了一篇文档，可以使用下列方法启动打印选项。

方法 1：单击"文件"菜单，选择"打印"选项，弹出图 6-19 所示的窗口，在窗口左侧设置相应的参数后，单击"打印"按钮即可。

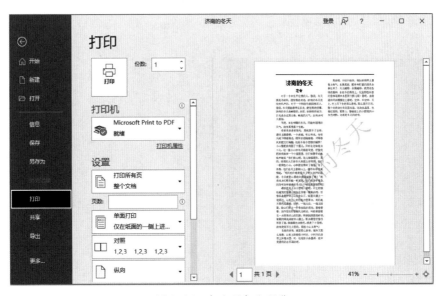

图 6-19　打印及打印预览

方法 2：单击快速访问工具栏上的"快捷打印"按钮，可以直接使用默认选项来打

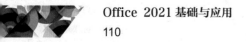

印当前文档。

另外，在没有打开文档的情况下用鼠标右键单击该文档，在弹出的快捷菜单中选择"打印"选项，可按照系统默认的设置直接打印文档。

将图 6-19 所示编排好的文档打印出来。

项目七
其他常用功能

　　Word 2021 提供了很多功能，用于处理文档和日常工作。用户可以学习并掌握这些功能，从而更加灵活地应用 Word 2021。

任务 7.1　使用大纲视图与创建目录

1. 掌握大纲视图的设置方法。
2. 掌握创建主控文档的方法。
3. 掌握创建目录的方法。

　　大纲视图是一种以缩进文档标题的形式来代表标题在文档结构中级别的页面浏览方式。在大纲视图中，Word 简化了文本格式的设置，以方便用户组织文档结构，从而更好地编辑长文档。

　　在 Word 2021 中，大纲就是文档中标题的分层结构，显示标题并可以进行调整，以适应更深层次的标题分组。有了大纲，用户可以方便、快捷地浏览整个文档框架，快速找到自己感兴趣的内容。

目录是长文档不可缺少的部分，一般在长文档的开始部分要列出文档的目录。Word 2021 可以搜索与所选样式匹配的标题，根据标题样式设置目录文本的格式和缩进，然后将目录插入文档中。

本任务以创建图 7-1 所示的目录为例，学习目录的创建方法。

图 7-1　目录

相关知识

Word 2021 中提供了"大纲视图"，用户可以方便地在"大纲视图"下浏览文档的大纲。单击"视图"选项卡下"视图"组中的"大纲"按钮，或者单击文档窗口中状态栏右下角的"大纲视图"按钮，也可以按 Ctrl+Alt+O 快捷键进入大纲视图。

在大纲视图下，用户可以编辑、查看、修改文档的大纲，从大纲中找出自己感兴趣的部分，以便仔细阅读。在"视图"选项卡下"显示"组中选中"导航窗格"复选框，会在文档的左侧根据文档的标题生成文档结构图，如图 7-2 所示。

主控文档是一组单独文档（或子文档）的"容器"，它可以创建并管理多个文档。主控文档中包含一系列与子文档相关的链接，可以将长文档分成若干个比较小的、易于管理的子文档，从而便于组织和维护。

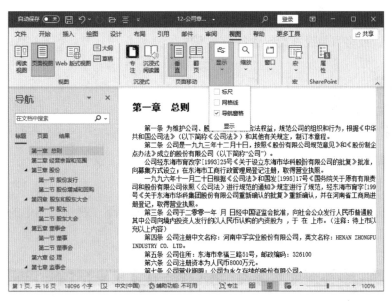

图 7-2　文档结构图

目录由文章的标题和页码组成。有了目录，用户就能很容易了解文档的结构，并快速定位需要查询的内容。在 Word 2021 中创建目录分为两步，首先完成各级标题样式的设置，其次再使用"引用"选项卡下"目录"组中的"目录"下拉菜单（见图 7-3）选项，创建目录。

图 7-3　创建目录

创建目录最简单的方法是使用内置的标题样式，也可以创建基于已应用的自定义样式的目录，或将目录级别指定给各个文本项。

1. 创建主控文档

创建主控文档的具体操作步骤如下：

（1）创建一篇新的 Word 文档，单击"视图"选项卡下"视图"组中的"大纲"按钮，将文档以大纲视图显示，如图 7-4 所示。

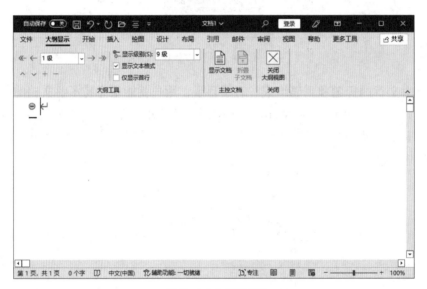

图 7-4　大纲视图

（2）在文档的第一行输入标题，并在"大纲显示"选项卡下"大纲工具"组中打开" 1级 "下拉列表，在其中选择"1级"选项，如图 7-5 所示。

（3）在第二行中输入二级标题内容，将其设置为二级标题，完成后的效果如图 7-6 所示。用同样的操作方法可以设置三级标题和四级标题。

（4）选择要设置子文档的标题，单击"主控文档"组中的"创建"按钮，创建子文档，输入子文档的内容。单击"保存"按钮，即可保存主控文档。

2. 创建目录

创建目录最简单的方法是使用内置的标题样式，用户还可以创建基于已应用的自定义样式的目录。具体操作步骤如下：

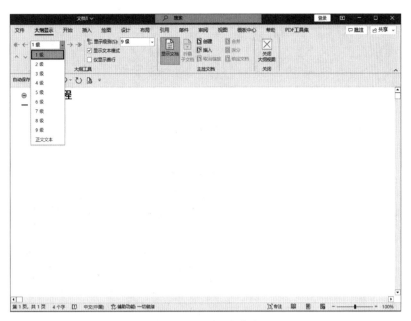

图 7-5　设置一级标题

图 7-6　设置二级标题

（1）将所有的标题级别设置完成后，将插入点定位到要插入目录的位置，通常是在文档的开始处。

（2）单击"引用"选项卡下"目录"组中的"目录"按钮，在弹出的下拉菜单中选择所需的目录样式，如图 7-7 所示。

图 7-7　选择目录样式

（3）如果在下拉菜单中没有所需的目录样式，则选择下拉菜单中的"自定义目录"选项，弹出"目录"对话框，如图 7-8 所示。

（4）在"目录"对话框的"打印预览"选项组中，如果选中"显示页码"复选框，则将在标题后显示页码；如果选中"页码右对齐"复选框，则页码将靠右排列，而不是紧跟在标题项的后面。

创建后的目录如图 7-1 所示。

图 7-8　"目录"对话框

提示

　　如果在编辑目录时发现标题中有拼写或编辑错误，可以在目录里直接改正目录项，然后在文档里做相应的更正，这样就不用重新编辑目录了。

巩固练习

给本任务中的文档创建不同的目录格式。

任务 7.2　创建索引

学习目标

1. 理解索引的概念。
2. 掌握创建索引的操作方法。

任务描述

索引是一种常见的文档注释，标记索引项本质上是插入了一个隐藏的代码，以便作者查询。创建索引与创建目录的方法基本相似，单击"引用"选项卡下"索引"组中的"标记条目"按钮，打开"标记索引项"对话框，如图 7-9 所示。在其中输入主索引项，必要时也可以输入次索引项，单击"标记"按钮，即可将索引项插入文档中。本任务将学习在文档中创建索引。

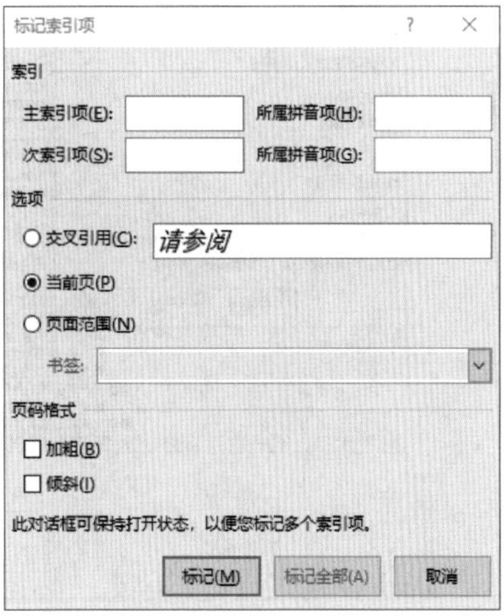

相关知识

图 7-9　"标记索引项"对话框

所谓索引就是在文档中出现的单词和短语的列表。索引用于列出一篇文章中讨论的术语和主题，以及它们出现的页码。建立索引是为了方便用户对文档中的某些信息进行查找。

在 Word 2021 中创建一个索引分为两步。首先，在所选文档中标记出用户想要索引的所有条目，称为"标记索引项"。标记索引项由文档中的关键词、短语或名字组成，可以通过提供文档中主索引项的名称和交叉引用来标记索引项。其次，根据文档标记的条目来创建索引。

标记索引项的具体操作步骤如下：

（1）使用原有文本作为索引项，选中该文本。

（2）单击"引用"选项卡下"索引"组中的"标记条目"按钮，弹出"标记索引项"对话框。在该对话框中，文档中选择的文本会出现在"主索引项"文本框中，如图 7-10 所示，用户也可以在该文本框中输入或编辑文本。

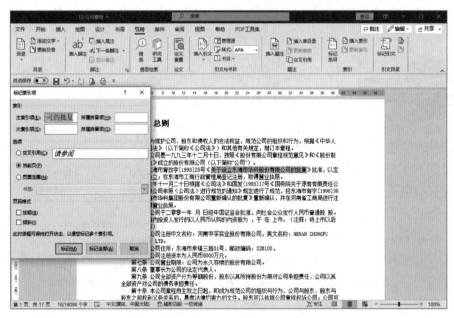

图 7-10 标记索引项

（3）设置完成后，单击"标记"按钮，Word 就会标记选中的索引项。

在标记好所有索引项之后，可以选择一种设计好的索引格式并生成最终的索引。

巩固练习

搜集上述文档的索引项，将它们按字母顺序排序，引用其页码，找到并删除一页上的重复索引，然后在文档中显示。

任务 7.3　使用模板

学习目标

1. 理解模板的定义与作用。
2. 掌握模板的创建方法。

任务描述

"模板"是一种用来产生相同类型文档的标准格式文件。当例行性的文档需要重复产生，或同性质的文档经常被创建时，可以将同类型的文档制作成"模板"。简单地说，当某种格式的文档经常被重复使用时，最有效率的处理方法就是使用模板。

模板包括特定的字体格式、段落样式、页面设置、快捷键指定方案等。在 Word 2021 中，任何文档都是以模板为基础的。模板决定文档的基本结构和文档设置，当用户需要编辑多篇格式相同的文档时，就可以使用模板来统一文档的风格，这样可以提高工作效率。

本任务要学习模板的创建方法。

新建空白文档时，Word 会以 NORMAL（即标准模板）作为默认模板，NORMAL 是 Word 用来保存共用项目的地方。所谓的"共用项目"是指无论文档使用哪个模板都可以使用的项目，如工具按钮、功能区命令、文档部件等。Word 2021 的模板文件以 .dotx 为扩展名。

Word 2021 本身提供的模板文档种类很多，在"新建"窗口中可以一一打开浏览，如图 7-11 所示。

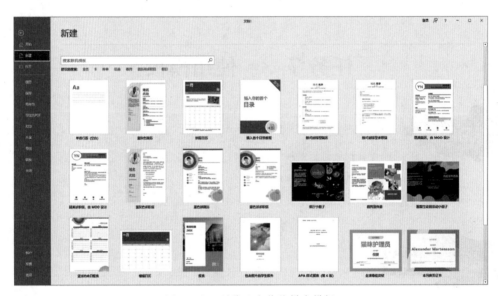

图 7-11　浏览已安装的样本模板

Word 2021 提供了创建模板的功能，用户可以创建适合自己使用的模板。制作模板和创建文档的方式相同，只是存档时的扩展名为 .dotx。有多种方法可以制作新模板，用户可视情况采用适合的方法。这里着重介绍将现有的文档另存为模板的方法，具体操作步骤如下：

（1）创建新文档，设置好模板所需要的内容、格式等，如 1 级标题设置为宋体、小二，正文缩进 2 字符等。

（2）单击"文件"菜单，选择"另存为"选项，打开"另存为"对话框。

（3）在"保存类型"下拉列表中选择"Word 模板"选项，如图 7-12 所示，设置保存路径和文件名后，单击"保存"按钮，关闭对话框。

图 7-12　另存为模板

此时已经新建了一个模板，如果需要使用此模板来编辑文档，可以单击"文件"菜单，选择"新建"选项，在弹出的窗口中单击"个人"按钮，如图 7-13 所示。在"个人"模板列表框中可以看到由用户建立的模板，选择所需的模板，单击"确定"按钮，就可以打开使用了。

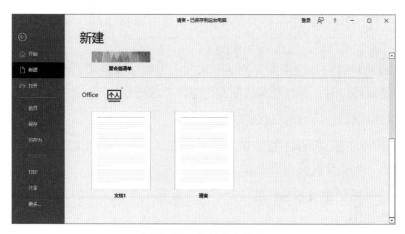

图 7-13　选择个人模板

使用模板创建一份简历。

任务 7.4　使用修订与批注

1. 掌握修订文档的方法。
2. 掌握添加批注的方法。

编辑完文档之后，经常需要请他人审阅。为了避免审阅者对文档做出永久性的修改，凡是审阅者对文档改动过的地方都可以设置一个标记。这样，用户就可以明白哪些地方进行了修改，然后再决定哪些修改是可以接受的，哪些修改是不可以接受的。

使用修订功能时，每位审阅者的每一次插入、删除或格式更改操作都会被标记出来，当用户查阅修订时，可以选择接受或拒绝每处的更改。

图 7-14 所示就是一个修订过的文档。

与修订不同的是，批注不直接在文档上修改，它是附加到文档上的注释，不会影响文章的格式，也不会被打印出来。

本任务以某所职业技术学校的《关于举办计算机技能大赛的通知》文档为例，学习使用修订和批注。

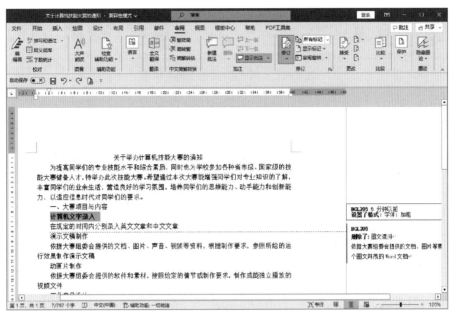

图 7-14 修订过的文档

单击"审阅"选项卡下"修订"组右下侧的启动按钮，打开"修订选项"对话框。用户可以根据需要设置修订标记以及批注框的格式等，然后单击"确定"按钮关闭对话框。

批注是文章的作者或审阅者在文档中添加的注释，Word 2021 的批注功能非常强大，对于多个用户协作编辑和审阅的文档，批注功能可以带来很多方便。

1. 修订文档

在编辑过程中标记修订的操作方法如下：

（1）打开需要修订的文档。

（2）单击"审阅"选项卡下"修订"组中的"修订"按钮，此时"修订"按钮呈选中状态，说明文档已经处于修订状态下，如图 7-15 所示。

图 7-15 "修订" 按钮呈选中状态

（3）修订文档。图 7-16 所示就是文档修订后显示的修订标记。

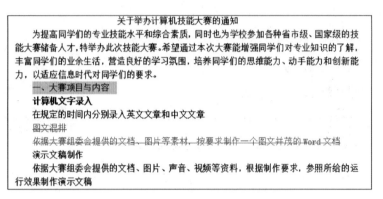

图 7-16 修订标记

（4）修订完成后，再次单击"修订"按钮，可以结束修订。

（5）如果接受当前修订，在修订文字上单击鼠标右键，在弹出的快捷菜单中选择"接受格式更改"选项，如图 7-17 所示。随着修订内容不同，快捷菜单中的接受修订选项也会有所不同。

图 7-17 确认修订内容

（6）如果不接受修订，可以在图 7-17 所示的快捷菜单中选择"拒绝格式更改"选项。随着修订内容不同，快捷菜单中的拒绝修订选项也会有所不同。

用户也可以单击"审阅"选项卡下"更改"组中的"接受"按钮，在弹出的下拉菜单中选择"接受所有修订"选项，或单击"拒绝"按钮，在弹出的下拉菜单中选择"拒绝所有修订"选项，一次接受或拒绝所有的修订。

2．添加批注

添加批注的操作步骤如下：

（1）选中文档中需要修订的文本，单击"审阅"选项卡下"批注"组中的"新建批注"按钮，在增加的红色批注框中输入批注文字，如图 7-18 所示。

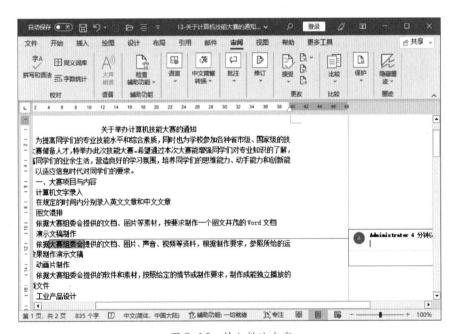

图 7-18　输入批注文字

（2）逐一对文档批注后，如果要删除批注，则用鼠标右键单击需要删除的批注，在弹出的快捷菜单中选择"删除批注"选项。

（3）如果要删除所有批注，在"批注"组中单击"删除"按钮，在弹出的下拉菜单中选择"删除文档中的所有批注"选项即可。

巩固练习

对本任务中的《关于举办计算机技能大赛的通知》进行修订并添加批注。

任务 7.5 创建信封

掌握利用 Word 2021 提供的信封工具创建信封的操作方法。

在 Word 2021 功能区中，将"邮件"作为一个单独的选项卡列出来，在这个选项卡中包含"中文信封""信封"和"标签"按钮。本任务学习使用 Word 2021 提供的信封工具创建图 7-19 所示的信封。

100083

贴邮
票处

北京市海淀区知春路 29 号

中港传媒

周乐乐 总经理

北京市朝阳区广场路 30 号 ***电视台 马晶

邮政编码 100088

图 7-19 信封

在实际工作中经常使用中文信封，通过系统提供的"中文信封"功能就可以创建出标准信封，并实现批量处理。

创建信封的具体操作步骤如下：

（1）创建一个空白文档，然后单击"邮件"选项卡下"创建"组中的"中文信封"按钮，打开图 7-20 所示的信封制作向导。

（2）单击"下一步"按钮，然后打开"信封样式"下拉列表，选择所需要的信封样式，如图 7-21 所示。

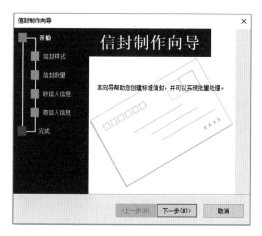
图 7-20　信封制作向导

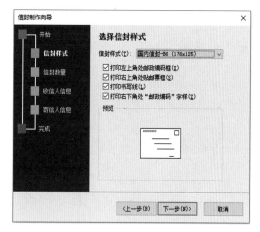
图 7-21　选择信封样式

（3）完成选择后单击"下一步"按钮，选择生成信封的方式和数量，如图 7-22 所示。

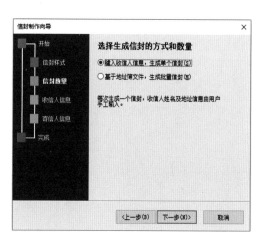
图 7-22　选择生成信封的方式和数量

（4）单击"下一步"按钮，根据提示填写收件人和寄件人的姓名、称谓、单位、地址、邮编等选项，最后生成图 7-19 所示的信封。

根据本任务的实践操作提示制作批量信封。

第二篇

Excel 2021

项目八
Excel 2021 的基本操作

Excel 2021 是微软公司推出的功能强大的电子表格制作软件，它具有强大的数据组织、计算、分析和统计功能。本项目主要介绍 Excel 2021 的特点和一些基础操作，通过对任务的学习，用户能够熟悉 Excel 2021 的操作界面，制作简单的表格并修改表格样式。

任务 8.1　认识 Excel 2021

熟悉 Excel 2021 的操作界面。

本任务将学习 Excel 2021 的启动、文件保存和退出等操作方法。

与传统的表格相比，电子表格在输入、修改方面具有简单、方便、高效的特点，而且存储方便，节省空间。此外，在统计分析数据和现代办公中，电子表格也有着极为重要的应用。

Excel 可以用来制作电子表格，即工作簿。工作簿包含多张不同的"页"，称为工作表（Work Sheet），每一页均可以是一个电子表格，根据不同的内容加入各页的编码或命名，这样可以方便用户编辑和查找。

Excel 2021 较 Excel 2007 有了较大的变化，其界面更美观，菜单也都改成了按钮形式，新添了许多新的功能。Excel 2021 的表格容量较 Excel 2007 大，且新增了多个实用的函数，可以说 Excel 2021 具有非常强大的数据处理功能。

（1）选择"开始"，在弹出的菜单中单击"Excel"，启动 Excel 2021，出现图 8-1 所示的欢迎界面，单击"空白工作簿"，打开图 8-2 所示的操作界面。

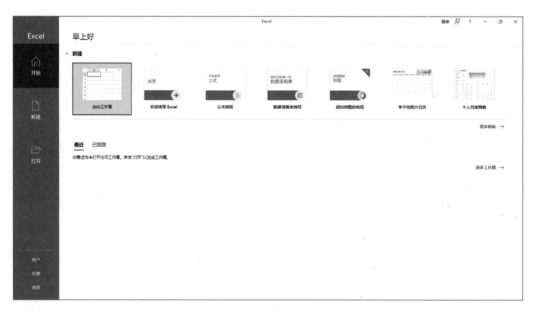

图 8-1 欢迎界面

图 8-2　Excel 2021 的操作界面

（2）操作界面的最上面一行是标题栏，用来显示软件名称和当前文档名称。双击标题栏可以切换主窗口的"最大化"和"还原"状态。

表格的右上方有一组"　　　"，用于最小化、还原和关闭操作界面。

在标题栏左边有快速访问工具栏"　　　　　　"，在默认情况下，该工具栏上有保存、撤销、恢复3个快捷按钮，还可以添加和删除快速访问按钮，可以利用它直接进行操作，为文档的编辑提供便捷。

（3）按照上述方法建立的工作簿中包含1张工作表Sheet1，工作表的张数可以根据需要进行修改，具体操作是在工作表标签上单击鼠标右键，在弹出的快捷菜单中选择相应的选项即可。当工作表标签为白底时，如"　Sheet1 | Sheet2 | Sheet3 | ⊕ "表示工作表Sheet1处于可编辑状态，单击"Sheet2"标签，则工作表Sheet2被切换为可编辑的工作表。

（4）Excel 2021的菜单栏一改以前版本的"下拉式菜单"和"工具条界面"，主窗口上部有"　文件　开始　插入　页面布局　公式　数据　审阅　视图　帮助　"等选项卡标签，这些选项卡共同组成了Excel 2021的功能区。不同的选项卡下有各自的选项组，分别包含不同的功能。

"开始"选项卡如图8-3所示，在该选项卡中可以设置单元格的字体、对齐方式、数字、样式以及对单元格进行简单的编辑等。

单击"插入"标签，即可切换并看到"插入"选项卡的内容，如图8-4所示。通过"插入"选项卡，可以插入表格、插图、图表、链接、文本以及符号等对象。

图 8-3　"开始"选项卡

图 8-4　"插入"选项卡

单击"页面布局"标签，即可切换并看到"页面布局"选项卡的内容，如图 8-5 所示。通过"页面布局"选项卡，可以设置工作表的版式和打印的页面等。

图 8-5　"页面布局"选项卡

单击"公式"标签，即可切换并看到"公式"选项卡的内容，如图 8-6 所示。该选项卡中有 Excel 2021 自带的函数库和公式审核等内容。

图 8-6　"公式"选项卡

单击"数据"标签，即可切换并看到"数据"选项卡的内容，如图 8-7 所示。通过该选项卡，可以获取外部数据，对数据进行筛选和排序、分级显示等，对工作表中的数据进行管理与连接。

图 8-7　"数据"选项卡

单击"审阅"标签，即可切换并看到"审阅"选项卡的内容，如图 8-8 所示。通过该选项卡，可以对工作表进行校对、批注和更改等，还可以进行中文简体/繁体的转换。

图 8-8　"审阅"选项卡

单击"视图"标签，即可切换并看到"视图"选项卡的内容，如图 8-9 所示。通过该选项卡，可以调整工作簿视图、显示以及缩放比例等，还可以调整编辑窗口和宏。

图 8-9　"视图"选项卡

单击"帮助"标签，即可切换并看到"帮助"选项卡的内容，如图 8-10 所示。通过该选项卡，用户可找到使用 Excel 2021 所需的帮助信息。

图 8-10　"帮助"选项卡

（5）当文档编辑完成后，若要对编辑的工作簿或工作表进行保存，可以单击快速访问工具栏中的"保存"按钮，还可以在"文件"菜单中选择"保存"或"另存为"选项，在弹出的对话框中选择保存位置和输入文件名称，然后单击"保存"按钮即可。

单击快速访问工具栏右侧的"自定义快速访问工具栏"按钮，在弹出的下拉菜单中可以选择添加到快速访问工具栏中的按钮，以便提高编辑效率，如图 8-11 所示。

（6）关闭 Excel 2021 的方法主要有：单击操作界面右上角的"关闭"按钮；在"文件"菜单中选择"关闭"选项；按 Alt+F4 快捷键直接关闭。

图 8-11　"自定义快速访问工具栏"下拉菜单

巩固练习

（1）尝试用多种方法打开 Excel 2021。

（2）打开一个电子表格，熟悉 Excel 2021 的操作界面。

（3）保存及退出 Excel 2021。

任务 8.2　制作简单表格

掌握 Excel 2021 数据输入、行列操作等基本操作方法。

本任务进一步熟悉 Excel 2021 的基本功能，学习工作簿的建立、打开和保存，调整表格中的行、列宽度，使用户对工作表数据输入有基本的了解。

"学生信息登记表"包括学生的基本信息和联络方式，人们主要关心其文字内容，因此，表格中的文字要清楚。下面通过 Excel 2021 制作学生信息登记表来学习上述这些基本操作，并让学生更深入地了解 Excel 2021 的相关功能。本任务中包含姓名列、出生年月列、联系电话列等数据输入的操作，见表 8-1。

表 8-1　学生信息登记表

学号	姓名	籍贯	出生年月	联系电话
1	李秀丽	河北	2002 年 10 月	13211002222
2	李鑫	北京	2002 年 1 月	13277654091
3	王芳	山东	2003 年 2 月	13211982211
4	潇潇	北京	2002 年 3 月	13322890087
5	付梅	山西	2002 年 2 月	13688904213

1. 工作簿

工作簿是 Excel 2021 中计算和存储数据的文件。在 Excel 2021 中，用户处理的各种数据以工作表的形式存储在工作簿文件中。工作簿文件是存储在磁盘上的最小的独立单位，工作簿窗口是 Excel 打开的工作簿文档窗口，由多个工作表组成，默认情况下包含 1 个工作表 Sheet1。用户可以根据不同的内容对工作表进行编码或命名，这样可以方便用户编辑和查找。每个工作簿内最多可以有 255 个工作表，当前工作的只有一个工作表，称为活动工作表。

2. 工作表

工作表是用来存储和处理数据的主要文档，也称电子表格。工作表是日常管理数据的基本单位。对于较为复杂的数据处理，通常需要涉及多个表，这时可以在一个工作簿中建立多个工作表，并可根据需要在多个工作表之间建立连接，相互引用数据。

工作表由排列成行或列的单元格组成，Excel 2021 网格为 1 048 576 行 × 16 384 列，行号为 1～1 048 576，列号采用字母编号，为 A～XFD。

3. 单元格

工作表中行与列相交形成的长方形区域称为单元格，用来存储数据和公式。单元格是工作表的基本单位，也是电子数据表软件处理数据的最小单位。每个单元格用其所在的列标和行号标识，如工作表的左上角即 A 列第 1 行的单元格用 A1 表示（见图 8-12），F5 表示 F 列第 5 行的单元格，而从 C 列第 2 行到 B 列第 8 行之间的区域用 C2:B8 表示。

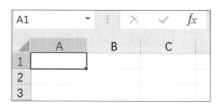

图 8-12　单元格 A1 示意图

对于每个工作表的存储单元——单元格来讲，可以存储多种形式的数据，除了通常的文字、日期、数字外，还可以存储声音、图形等数据。

（1）启动 Excel 2021，启动后会自动生成一个名为"工作簿"的空白工作簿，并且定位于工作表 Sheet1 的 A1 单元格。

提示

在打印过程中网格线不会被打印，如果需要打印网格线，需要进行相应的设置。

（2）在工作表中输入数据时，需要先用鼠标单击选中单元格。在单元格 A1 中输入"学号"，在输入过程中，单元格内有光标闪烁，表明处于编辑状态。用户可以在单元格中进行数据的输入和编辑，也可以在编辑栏输入（见图 8-13），然后按 Enter 键

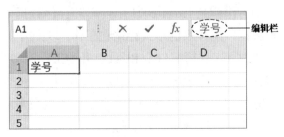

图 8-13　输入数据

确认，就完成了在单元格 A1 中的数据输入。此时选中框向下跳，方便纵向输入，单元格 A2 被选中。

若觉得横向输入方便（向右移），可以按 Tab 键（默认向右移），还可以使用鼠标单击选择其他单元格。

通过键盘上的↑、↓、←、→键，也可以选择要编辑的单元格。

（3）选中 B1 单元格，输入"姓名"，并按 Tab 键确认。同样，在 C1 至 E1 单元格中分别输入"籍贯""出生年月""联系电话"。

（4）使用方向键或者鼠标选取单元格 A2，输入班级成员第一个人的学号"1"并按 Tab 键确认，再依次在 B2 至 E2 单元格内输入"李秀丽"的个人信息。

若在输入过程中单元格内并未显示输入的内容，而是一串"#"或者类似"1.321E+10"科学计数法的数据，则表明该单元格的宽度不够，如图 8-14 所示。将光标置于两列的列标之间，此时光标呈十字状左右带箭头，在按下鼠标左键的同时向右拖动光标，此时光标的右上方会出现一个显示列宽的标签（见图 8-15），将列宽调整到合适大小，单元格中的数据即可正确显示。

	A	B	C	D	E
1	学号	姓名	籍贯	出生年月	联系电话
2	1	李秀丽	河北	########	1.321E+10
3					
4					
5					

E2　fx　13211002222

图 8-14　列宽不够时数据的显示

图 8-15　调整列宽

（5）选中 A3 单元格后，按下鼠标左键，然后向右下方拖动鼠标至 E6，释放鼠标左键，这样即选中了这个单元格区域，表示为 A3:E6。该区域的左上角 A3 单元格的颜色呈亮色，表明该单元格处于可编辑状态，输入第二名学生的学号"2"，如图 8-16 所示。

图 8-16　选中单元格区域

在图 8-16 中选中单元格区域并按 Tab 键，亮色单元格右移，这样依次输入第二个学生的个人信息。在选定区域内输入完毕 E3 的内容后，按 Tab 键，亮色单元格自动换行，移动到 A4。

按 Enter 键可以使亮色单元格在选定区域内向下移动，按 Shift+Enter 快捷键可以使亮色单元格在选定区域内向上移动，按 Shift+Tab 快捷键可以使亮色单元格在选定区域内向左移动，如图 8-17 所示。

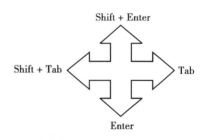

图 8-17　选中单元格区域的单元格移动

提示

在选定区域内移动活动单元格不能使用鼠标左键或者方向键，否则将会取消区域选定。

（6）输入其他 3 人的全部资料，并将其保存，命名为"学生信息登记表"，如图 8-18 所示。

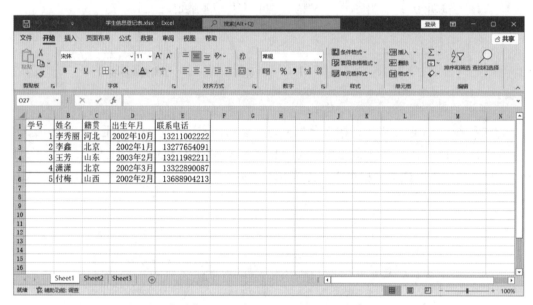

图 8-18 "学生信息登记表"的数据输入

（1）用方向键选择单元格的方法，练习将本任务中表 8-1 所示的"学生信息登记表"重新制作成电子表格。

（2）将表 8-2 制作成电子表格。

表 8-2 某系第一学期必修课学分一览表

课程	学分	课程	学分
高等数学	10	大学物理	8
英语	8	体育	4
大学物理实验	6	计算机基础	6

任务 8.3　修改表格样式

学习目标

掌握 Excel 2021 中修改表格样式的基本操作方法。

任务描述

任务 8.2 中已经制作了"学生信息登记表"电子表格，本任务将学习对该电子表格进行一些格式修改，包括将"学号""姓名"以及"籍贯"列的文字居中显示，将第一行表头字体加粗并更改字体等。修改格式后的"学生信息登记表"如图 8-19 所示。

图 8-19　修改格式后的"学生信息登记表"

相关知识

Excel 2021 中还提供了对电子表格的数据格式进行修改的功能。用户可以通过选取字体格式来修改文字的字体，如中文字体、英文字体等，也可以设置字体的加粗、倾斜和下画线等。此外，为了美化工作表，还可以对文字的颜色以及文字在单元格中的对齐方式进行设置。其他方面格式的修改包括填充颜色、边框、条件格式化以及自动套用格式等，这些将在后面的项目中做详细介绍。

实践操作

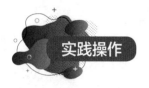

1. 打开“学生信息登记表”

首先启动 Excel 2021，单击“文件”菜单，选择“打开”选项，随后在对话框中选择自己存盘的位置，找到后单击选中，单击“确定”按钮打开；还可以在“最近”中选择“学生信息登记表”打开。

除了上述途径外，还可以找到“学生信息登记表”的存储位置，通过双击“学生信息登记表”图标来打开文档。

2. 更改“学号”“姓名”和“籍贯”列的对齐方式

（1）在打开的文档中，将光标放在列标 A 上，当出现一个向下的黑色箭头后，单击鼠标左键即可选中 A 列，如图 8-20 所示。

	A	B	C	D	E	F
1	学号	姓名	籍贯	出生年月	联系电话	
2	1	李秀丽	河北	2002年10月	13211002222	
3	2	李鑫	北京	2002年1月	13277654091	
4	3	王芳	山东	2003年2月	13211982211	
5	4	潇潇	北京	2002年3月	13322890087	
6	5	付梅	山西	2002年2月	13688904213	
7						
8						
9						

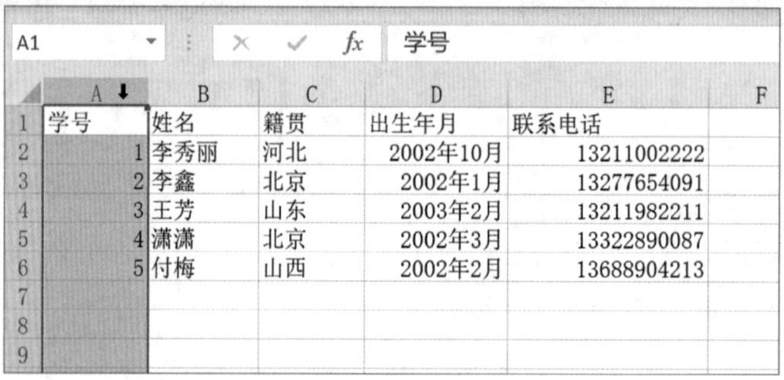

图 8-20　选中 A 列

（2）要想让学号列文本居中，则在“开始”选项卡下的“对齐方式”组中单击“居中”按钮即可，如图 8-21 所示。

	A	B	C	D	E	F
1	学号	姓名	籍贯	出生年月	联系电话	
2	1	李秀丽	河北	2002年10月	13211002222	
3	2	李鑫	北京	2002年1月	13277654091	
4	3	王芳	山东	2003年2月	13211982211	
5	4	潇潇	北京	2002年3月	13322890087	
6	5	付梅	山西	2002年2月	13688904213	
7						
8						
9						
10						
11						
12						

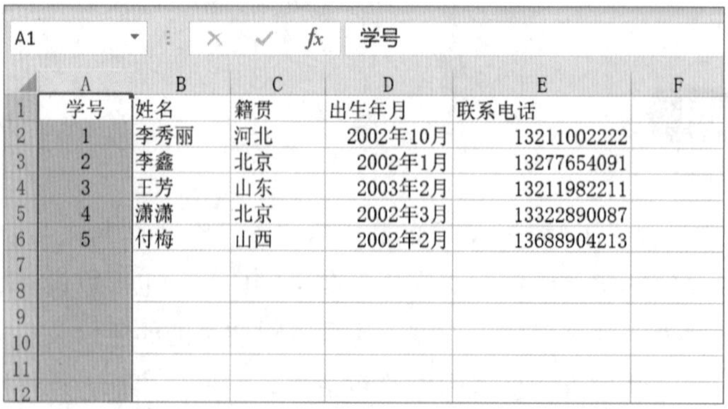

图 8-21　使选中列文本居中

（3）选中 A 列，然后单击"开始"选项卡下的"剪贴板"组中的"格式刷"按钮，再拖动鼠标选择 B1:C6 区域，如图 8-22 所示。释放鼠标左键，即将 A 列的格式复制到了 B1:C6 区域，B 列和 C 列的文字便居中了，如图 8-23 所示。

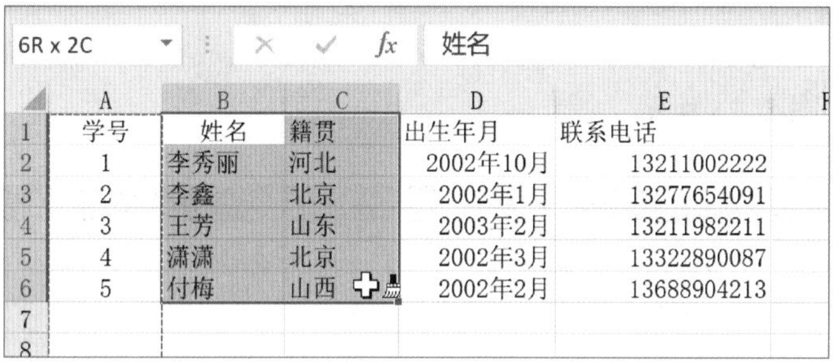

图 8-22　格式的复制过程

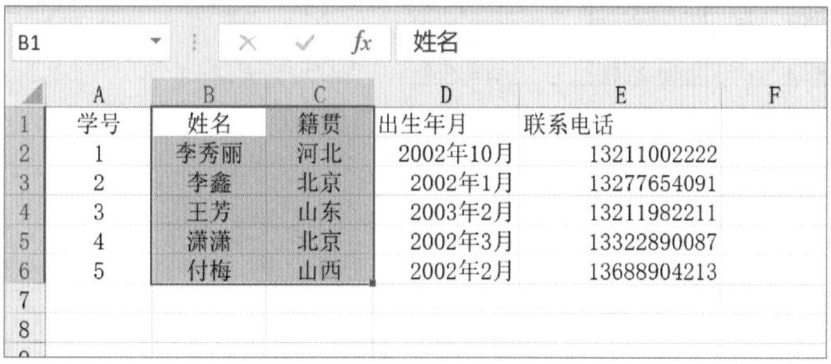

图 8-23　居中显示的结果

3. 更改表头行字体

单击行标 1，会出现一个向右的黑色箭头，表示选中了 1 行，在"开始"选项卡下的"字体"组中单击"加粗"按钮，并将字体更改为"华文彩云"，如图 8-24 所示。

图 8-24　设置字体

4. 检查并保存"学生信息登记表"

（1）在检查时若发现输入的文本有错误且需要修改时，可以单击选中单元格后在编辑栏中修改，也可以双击单元格，在出现光标后修改。

（2）修改完毕，选择"文件"菜单中的"另存为"选项，将工作簿另存为"学生信息登记表 – 修改"。如果选择"保存"选项，则会覆盖之前的原始文件"学生信息登记表"。

巩固练习

（1）将本任务电子表格中的"姓名"一列的数据改成楷体，并用斜体显示。修改完成后的效果如图 8-25 所示。

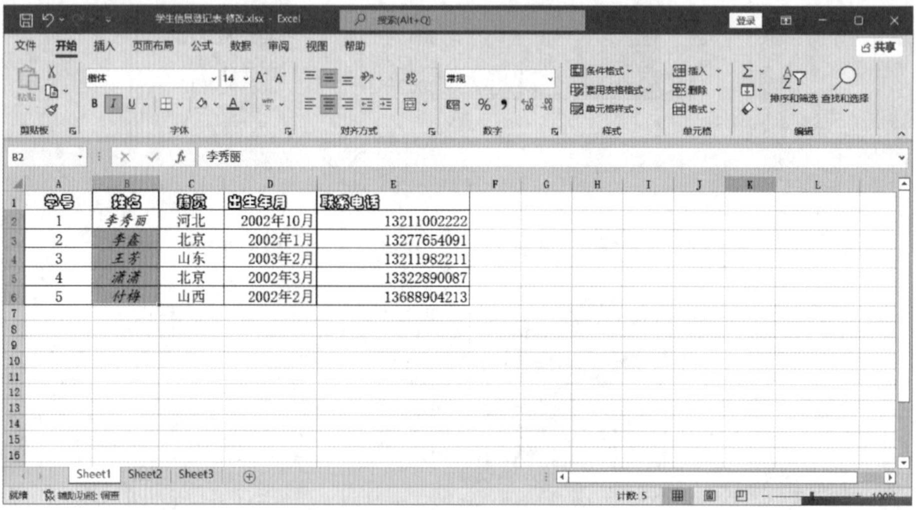

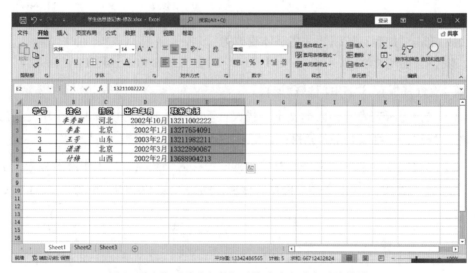

图 8-25　将"姓名"列修改完成后的效果

（2）将本任务电子表格中的"联系电话"一列的对齐方式修改为左对齐。修改完成后的效果如图 8-26 所示。

图 8-26　将"联系电话"列修改为左对齐后的效果

项目九
工作表和工作簿的基本操作

在利用 Excel 2021 进行数据处理的过程中，经常需要对工作表和工作簿进行适当的处理，本项目将对制作、管理工作表和工作簿的方法进行介绍。

任务 9.1　工作表的基本操作

1. 掌握工作表、工作簿、表格等基本概念。
2. 掌握创建、插入、删除工作表的操作方法。
3. 掌握为工作表重命名、改变标签颜色、移动、复制、并排比较的操作方法。
4. 掌握工作表密码保护的操作方法。
5. 掌握多工作表的操作方法。

在理解工作簿、工作表含义的基础上创建工作簿和工作表。

本任务学习创建商品报价单工作簿，根据商品的种类把报价单分成食品、化妆品、办公用品、体育用品4类，为存储这4类商品，要在工作簿中建立4个工作表。另外，需对4个工作表进行重命名、改变标签颜色、移动、复制等操作。在此基础上，还需对工作表进行加密保护操作。

密码保护操作可以对工作簿和工作表进行密码保护，设置查看工作簿和工作表的权限。在 Excel 中可以采用各种数字、字母、特殊字符等分别或者混合使用的方式来设置密码。密码的位数越长，混合性越强，则安全性越强。

1. 创建新的工作簿

启动 Excel 2021，已经创建工作簿1后，若想继续创建新的工作簿，可以单击"文件"菜单，选择"新建"选项，在图9-1所示的窗口中选择"空白工作簿"，可创建一个新的工作簿。

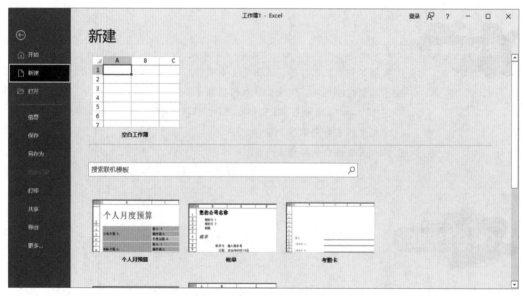

图 9-1　选择"空白工作簿"

提示

　　若需要经常进行"新建"操作，可以在"自定义快速访问工具栏"下拉菜单中选择"新建"选项，这样，快速访问工具栏中就添加了"新建"按钮，单击它可以新建空白工作簿。还可以利用 Ctrl+N 快捷键新建基于默认模板的工作簿。

新建的空白工作簿如图 9-2 所示。

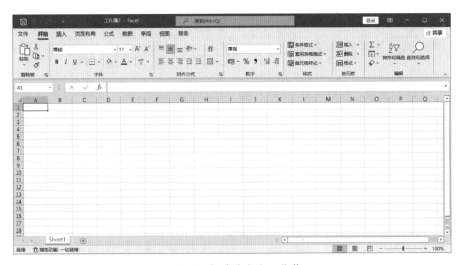

图 9-2　新建的空白工作簿

2. 输入商品报价单的内容

（1）插入工作表

　　首次创建的工作簿默认包含 1 个工作表，但是在实际应用中，所需要的工作表数目通常不止 1 个，这时就需要向工作簿中添加一个或者多个工作表。

　　1）在末尾快速插入。如果要在工作簿 2 中现有的工作表末尾快速插入一个新的工作表，则单击主窗口底部的"新工作表"按钮 ⊕，即可在 Sheet1 的末尾插入 Sheet2 工作表，并且此工作表是处于可编辑状态的活动工作表，如图 9-3 所示。如果需要继续在末尾插入新的工作表，可以重复上一步操作。

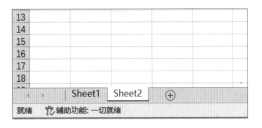

图 9-3　新插入的工作表

2）在活动工作表之前插入。如果要在现有工作表之前插入新的工作表，可以采用"菜单法"和"右键法"等方法。需要先选择该工作表（如 Sheet4），再选择"开始"选项卡下"单元格"组"插入"下拉菜单中的"插入工作表"选项，如图 9-4 所示。插入后的效果如图 9-5 所示，Sheet5 在 Sheet4 之前。

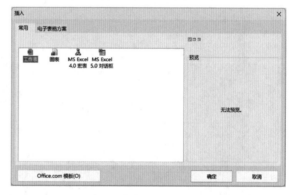

图 9-4　选择"插入工作表"选项　　　　图 9-5　在现有工作表之前插入新的工作表

要在现有工作表之前插入新的工作表，还可以在选中的工作表标签上单击鼠标右键，在弹出的快捷菜单中选择"插入"选项，打开"插入"对话框，在"常用"选项卡中选择"工作表"选项，然后单击"确定"按钮，如图 9-6 所示，插入后的效果与图 9-5 一致。

利用 Shift+F11 快捷键，可以快速添加空白工作表。

图 9-6　"插入"对话框的"常用"选项卡

如果需要一次性插入多个工作表，可以按住 Shift 键，选择 N 个连续的现有工作表标签，采用上面的"右键法"或者"菜单法"插入。

（2）删除工作表

如果需要删除工作表，首先选中需要删除的工作表，在其名称标签上单击鼠标右键，在弹出的快捷菜单中选择"删除"选项。当删除的工作表不是空白工作表时，会弹出图 9-7 所示的对话框，单击"删除"按钮即可，如果是空白的工作表则直接删除。

用户还可以用"菜单法"删除工作表。选择"开始"选项卡下"单元格"组"删除"下拉菜单中的"删除工作表"选项，如图 9-8 所示。

如果想要删除多个工作表，则可以在按住 Shift 键的同时选中多个连续的工作表，或者在按住 Ctrl 键的同时选中多个不连续的工作表，然后再按上述的删除操作一次性删除所有选中的工作表。

图 9-7　删除工作表时的提示对话框　　　　图 9-8　选择"删除工作表"选项

（3）重命名工作表并为工作表标签上色

对于工作簿中的工作表，可以不采用 Sheet1、Sheet2 等名称，用户可以对其进行重命名。在 Sheet1 工作表标签上单击鼠标右键，在弹出的快捷菜单中选择"重命名"选项，或者双击工作表标签，这时标签栏如图 9-9 所示。随后输入工作表名称"食品"，然后按 Enter 键或者在其他区域单击确认即可。按照上述方法，将其他工作表重命名为"化妆品""办公用品""体育用品"，如图 9-10 所示。

图 9-9　处于编辑状态的工作表标签　　　　图 9-10　重命名的工作表标签

为了便于区分和美观，有时还需要对工作表标签上色。选中需要上色的工作表标签，单击鼠标右键，在弹出的快捷菜单中选择"工作表标签颜色"选项，在弹出的调色板中选择需要的颜色即可。按照此方法分别为 4 个工作表标签上色，上色后的工作表标签如图 9-11 所示。

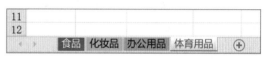

图 9-11　上色后的工作表标签

（4）在各工作表中输入相关报价单的内容

输入"编号""产品"及"单价"。在各工作表中输入数据后的效果如图 9-12 所示。

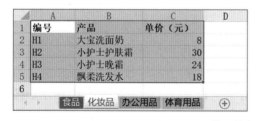

图 9-12　输入数据后各工作表的效果

3. 移动和复制工作表

在同一工作簿中移动工作表，只需选中要移动的工作表，然后沿工作表标签栏拖动选定的工作表标签（鼠标指针会变成"⤵"形状），到相应的位置（黑色箭头所指的位置）释放鼠标即可。在上述工作簿中，选择"体育用品"工作表，将其移动到"食品"工作表的后面，如图 9-13 所示，移动后的效果如图 9-14 所示。

图 9-13　移动工作表操作

图 9-14　移动后的工作表标签

在同一工作簿内复制工作表，只需要选中要复制的工作表，然后在按住 Ctrl 键的同时拖动工作表到相应位置（黑色箭头所指的位置）释放鼠标，然后松开 Ctrl 键即可。复制后的工作表名称会在原工作表名称的后面添加"（2）"作为区别，如图 9-15 所示。

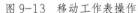

图 9-15　复制后的工作表标签

还可以选中需要移动或复制的工作表标签，单击鼠标右键，在弹出的快捷菜单中选择"移动或复制"选项，打开"移动或复制工作表"对话框，如图 9-16 所示。在"下列选定工作表之前"列表框中选择移动或复制的位置，直接单击"确定"按钮，则可以移动工作表到相应位置。选中"建立副本"复选框，再单击"确定"按钮，则可以复制工作表。

图 9-16　"移动或复制工作表"对话框

最终将工作表标签按照音序依次排列为"办公用品""化妆品""食品""体育用品"。

4. 并排比较工作表

在 Excel 2021 中，同一工作簿的不同工作表或者不同工作簿的工作表，都可以在窗口中同时显示，进行并排比较。

单击"视图"选项卡下的"窗口"组中的"新建窗口"按钮，可以建立一个新的窗口。在"视图"选项卡下的"窗口"组中单击"并排查看"按钮，然后在两个窗口中分别单击要比较的工作表标签，则两个工作表可以并排显示，如图 9-17 所示。按此方法共建立 4 个窗口，进行并排查看。

单击"视图"选项卡下的"窗口"组中的"全部重排"按钮，弹出图 9-18 所示的"重排窗口"对话框，选中"平铺"后，单击"确定"按钮。重排后以平铺方式显示的效果如图 9-19 所示，这种显示方式便于查看并可以编辑多个工作表。查看完毕，可以将多余的工作表窗口关闭，然后双击工作簿的标题栏，即可恢复原状态。

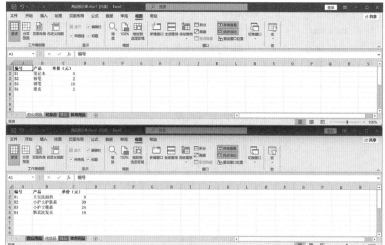

图 9-17　并排查看　　　　　　　　　　　　　图 9-18　选择重排方式

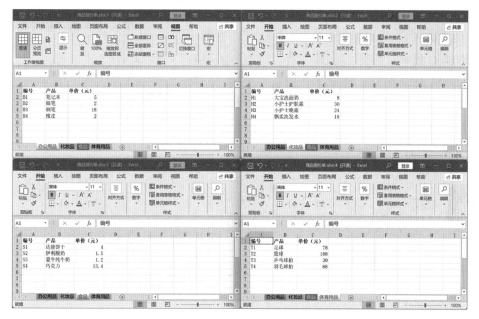

图 9-19　以平铺方式并排比较工作表

5. 工作表的隐藏和显示

在工作簿中，可以隐藏不想让其他人看到的工作表。选中需要隐藏的工作表，在"开始"选项卡下"单元格"组的"格式"下拉菜单中选择"隐藏和取消隐藏"|"隐藏工作表"选项，即可隐藏工作表，如图 9-20 所示。也可以选中需要隐藏的工作表名称，单击鼠标右键，在弹出的快捷菜单中选择"隐藏"选项即可。

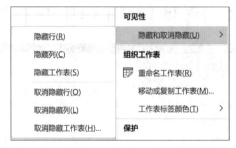

图 9-20　选择"隐藏工作表"选项

 提示

在一个工作簿中不能将所有的工作表隐藏，也就是至少显示一个工作表。

要显示被隐藏的工作表，可以在"开始"选项卡下"单元格"组的"格式"下拉菜单中选择"隐藏和取消隐藏"|"取消隐藏工作表"选项，在弹出的"取消隐藏"对话框（见图 9-21）中选择需要重新显示的工作表名称，并单击"确定"按钮。同样地，在工作表标签栏上单击鼠标右键，在弹出的快捷菜单中选择"取消隐藏"选项，也可以显示隐藏的工作表。

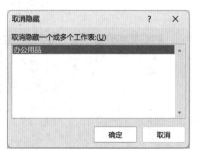

图 9-21　"取消隐藏"对话框

 提示

Excel 2021 还提供了隐藏和显示行或列的操作，同样按照"菜单法"操作即可完成。

6. 保护工作表

在 Excel 2021 中，可以根据需要对工作簿或者工作表进行加密保护。

对于简单的保护，单击"审阅"选项卡下"保护"组中的"保护工作表"按钮，弹出"保护工作表"对话框，如图 9-22 所示，单击"确定"按钮即可。工作表被保护后，用户就不能再对该工作表进行编辑，此时如果执行编辑操作，软件会弹出对话框拒绝编辑。在需要编辑时，可以在"审阅"选项卡下的"保护"组中单击"撤销工作表保护"按钮。

如果工作表需要加密保护，则可以在图 9-22 所示的"保护工作表"对话框中输入密码，单击"确定"按钮后，弹出图 9-23 所示的"确认密码"对话框，重新输入密码后，单击"确定"按钮即可。若想要撤销工作表保护，则可以在"审阅"选项卡下的"保护"组中单击"撤销工作表保护"按钮，在弹出的"撤销工作表保护"对话框中输入密码后，单击"确定"按钮即可，如图 9-24 所示。

图 9-22　"保护工作表"对话框

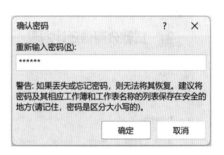

图 9-23　"确认密码"对话框

图 9-24　"撤销工作表保护"对话框

7. 保存工作簿

将工作簿保存，并命名为"商品报价单"。单击主窗口右上角的"关闭"按钮，关闭工作簿。

提示

对命名和重命名无效的字符有问号（?）、引号（""）、斜杠（/）、反斜杠（\）、小于号（<）、大于号（>）、星号（*）、竖线（|）和冒号（:）。

（1）利用 Excel 2021 自带模板创建"贷款分期偿还计划表"工作簿，具体操作是"文件"|"新建"|在列出的模板中选择"贷款分期偿还计划表"|"创建"，效果如图 9-25 所示。

图 9-25 "贷款分期偿还计划表"工作簿

（2）在上述工作簿中插入一个新的工作表，并把工作表重命名为"工资表"，如图 9-26 所示。

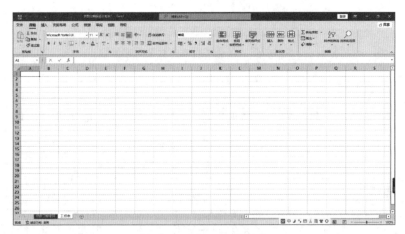

图 9-26 插入"工资表"

（3）在工作簿内移动或复制工作表，并为工作表标签上色。

（4）对此工作表设置一个密码。

任务 9.2　工作簿的基本操作

1. 掌握打开、自动保存工作簿的操作方法。
2. 掌握工作簿属性的查看和设置方法。
3. 掌握同时显示多个工作簿的操作方法。
4. 掌握保护工作簿的操作方法。

本任务学习对"商品报价单"工作簿进行相应的管理，包括打开工作簿、自动保存工作簿，同时学习对工作簿属性的查看和设置方法、工作簿的保护等。这里尤其要注意工作簿保护与工作表保护的区别。

在编辑工作簿的过程中，如果计算机突然发生故障或操作失误，却没有及时保存工作簿，将会带来严重的损失。使用"自动保存工作簿"功能可以避免这种事件发生，极大地降低了数据丢失的可能性，提高了工作的可靠性、稳定性。自动保存工作簿是指 Excel 每隔一段时间都会自动保存创建的工作簿。在 Excel 中，用户可以根据需要设置自动保存工作簿的时间间隔。

对工作簿的属性进行查看，可以了解工作簿所在的位置、创建时间和修改时间等信息。

工作簿的保护与工作表的保护类似，都可以设置权限、密码等，区别是设置的范围不同。

（1）打开"商品报价单"工作簿。

（2）自动保存工作簿。设置自动保存工作簿的操作方法是：单击"文件"菜单，选择"选项"，打开"Excel 选项"对话框，选择左侧的"保存"标签，选中"保存自动恢复信息时间间隔"复选框，输入自动保存工作簿的时间间隔为 10 分钟，在"默认本地文件位置"中输入文件保存的位置，如图 9-27 所示，单击"确定"按钮完成设置。

图 9-27　自定义工作簿的保存方法

（3）单击"文件"｜"信息"窗口中的"属性"标签右边的下拉箭头，在弹出的下拉菜单中选择"高级属性"选项，弹出图 9-28 所示的对话框。在该对话框中有 5 个选项卡，分别是常规、摘要、统计、内容、自定义，各自显示工作簿文件的相关属性信息。

（4）同时显示多个工作簿。在 Excel 2021 中，主窗口可以同时显示多个工作簿。首先打开要同时显示的工作簿，这里打开"学生信息登记表－修改"工作簿和当前的"商品报价单"工作簿，然后在"视图"选择卡下"窗口"组中单击"全部重排"按钮，在打开的对话框中选择"水平并排"选项，然后单击"确定"按钮，效果如图 9-29 所示。

图 9-28　工作簿文件的高级属性

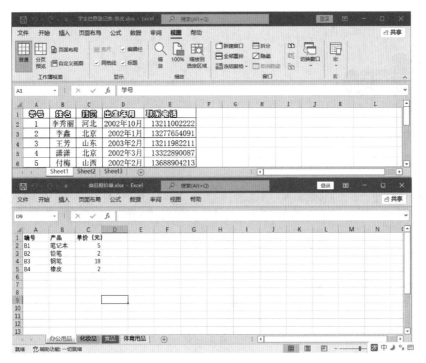

图 9-29 以"水平并排"方式显示多个工作簿

（5）保护工作簿。Excel 2021 还可以根据需要，对工作簿进行加密保护。单击"审阅"选项卡下"保护"组中的"保护工作簿"按钮，在弹出的"保护结构和窗口"对话框中选中"结构"复选框，并输入设定的密码，如图 9-30 所示，然后单击"确定"按钮。随后在"确认密码"对话框中重新输入密码，单击"确定"按钮后，即可完成工作簿的保护，此后将无法进行工作簿结构和窗口的相关调整操作。

图 9-30 "保护结构和窗口"对话框

 提示

在工作簿的保护中，密码是区分大小写的。

若想要撤销工作簿保护，则可以再单击"审阅"选项卡下"保护"组中的"保护工作簿"按钮，在弹出的"撤销工作簿保护"对话框中输入密码后单击"确定"按钮，如图 9-31 所示。

图 9-31 "撤销工作簿保护"对话框

（6）关闭工作簿。

（1）打开"学生信息登记表-修改"和"商品报价单"工作簿，使其垂直并排显示，如图 9-32 所示。

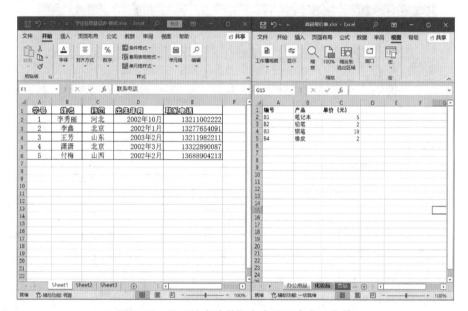

图 9-32　以"垂直并排"方式显示多个工作簿

（2）查看"学生信息登记表-修改"工作簿的属性，并为其设置加密保护。

项目十
数据的输入与表格样式设置

数据存放于工作表中，对数据的输入与编辑是工作表管理以及其他一切操作的基础。

为了美化和分析工作表，用户可以对表格的格式进行设置，同时也可以根据需求对工作表进行样式的改变。

本项目主要介绍数据输入的具体操作方法和表格样式设置的基本知识。

任务 10.1　数据的输入

1. 掌握 Excel 2021 中各类型数据的具体输入方法。
2. 掌握 Excel 2021 中各种快速输入数据的操作方法。

本任务以在 Excel 2021 中输入"某产品一年的产量、质量以及市场占有率记录表"（见表 10-1）的内容为例，来学习数据的输入。此表中包含几种不同类型的数据，可以

采用不同的方法分别输入。

表 10-1　某产品一年的产量、质量以及市场占有率记录表

月份	产量（万吨）	合格率	市场占有率	是否达到预期目标
一月	2	100%	5%	否
二月	2	99%	8%	是
三月	2	100%	11%	是
四月	2	100%	14%	否
五月	2	99%	17%	否
六月	2.8	100%	20%	是
七月	2.8	99%	23%	是
八月	2.8	100%	26%	否
九月	2.8	100%	29%	否
十月	2.8	98%	32%	否
十一月	2.8	98%	35%	是
十二月	2.8	100%	38%	否

相关知识

Excel 中数据的类型主要包括文本、数值、日期等。

Excel 对文本型数据的限制很少，因此输入比较简单，如"质量误差"等文本型数据。

数值型数据如"52.1"等常用数值。在 Excel 中最大正数可为 9.9×10^{307}，最小正数为 1×10^{-307}；最大负数为 -1×10^{-307}，最小负数为 -9.9×10^{307}。每个单元格在默认情况下只能显示 11 位数值，如果大于此值，将会用科学计数法来表示。

而对于日期型数据，在 Excel 中有几种不同的显示方式，可以有不同的表示方式，如"2022-3-14"或"2022 年 3 月 14 日"等，用户可以自行选择。

实践操作

1. 输入文本型数据

打开空白工作簿，单击鼠标左键选定单元格 B1 后，输入"某产品一年的产量、质

量以及市场占有率记录表"，按 Enter 键，即完成了此文本的输入，同时活动单元格移到 B2。用同样的方法在第二行的相应列位置输入其他无特殊格式的文本内容，完成后的效果如图 10-1 所示。

图 10-1　输入文本型数据

2．输入数值型数据

（1）自动输入相同的内容

1）对于"产量"一列，由于 B3:B7、B8:B14 单元格中数据的内容一样，因此可以采用如下操作：

方法 1：选中第一个需要输入数据的单元格，即 B3，输入"2"。将鼠标指针移动到该单元格的右下角，其形状将变为"+"（填充柄）。然后按住鼠标左键，拖动至单元格 B7，松开鼠标左键，即完成了 B3:B7 的快速填充输入。

输入完成后，可以看到在数据的右下角有"　"图标，单击后弹出下拉菜单（复制单元格：不仅复制单元格的内容，还复制单元格的格式；填充序列：以公差为 1 的等差序列填充；仅填充格式：不复制单元格的内容，仅复制单元格的格式；不带格式填充：不复制单元格的格式，仅复制内容；快速填充：以一定规律填充数据），Excel 默认的选项为第一个，如图 10-2 所示。

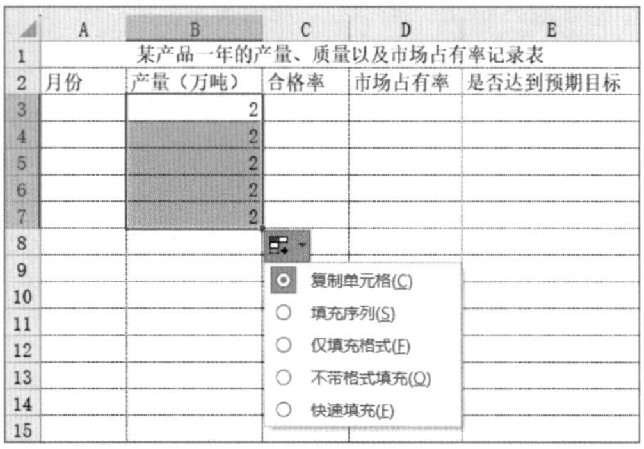

图 10-2　B3:B7 输入完成后的效果及默认选项

方法 2：选中 B8:B14 单元格后，直接输入数据"2.8"，然后按 Ctrl+Enter 快捷键，即可完成此部分内容的输入，如图 10-3 所示。

2）在 C3:C14 中，不相邻的单元格中也存在着相同的数据，具体输入方法如下：

选定第一个需要输入数据的单元格 C3，在按住 Ctrl 键的同时选中输入内容与之相同的其他单元格，如图 10-4 所示（若需要选择相连的单元格，在按住 Shift 键的同时选择首末单元格即可）。

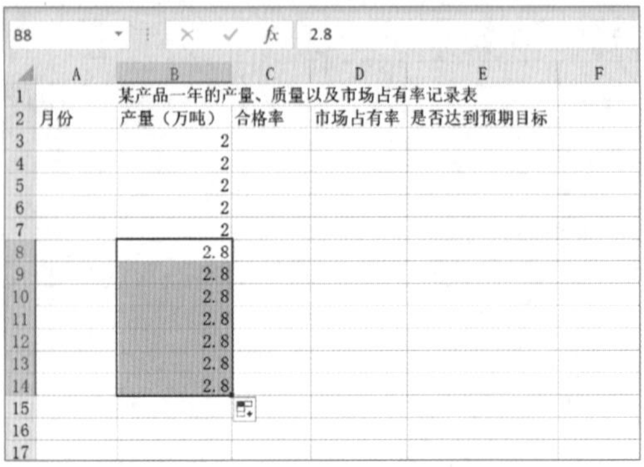

图 10-3　输入 B8:B14 单元格的数据 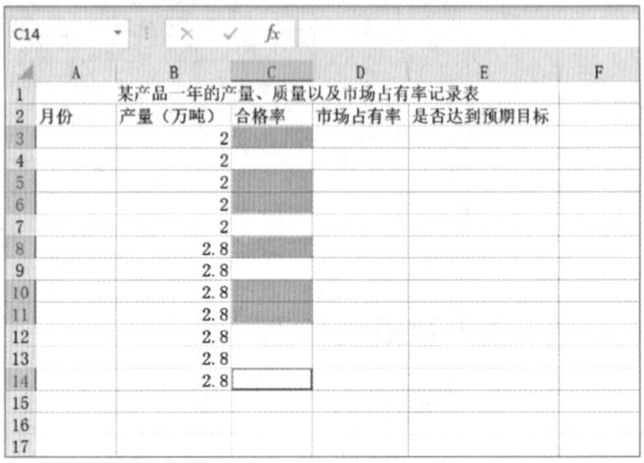　　　　图 10-4　选定相同内容的不连续单元格

输入内容"100%"，然后按 Ctrl+Enter 快捷键，即完成输入，效果如图 10-5 所示。若需要设置数值型数据的小数位数等形式，则单击"开始"选项卡下"数字"组右下角的按钮 ，打开"设置单元格格式"对话框，从中进行相应的设置即可。

按照同样的方法输入此列其他单元格的数据，完成后的效果如图 10-6 所示。

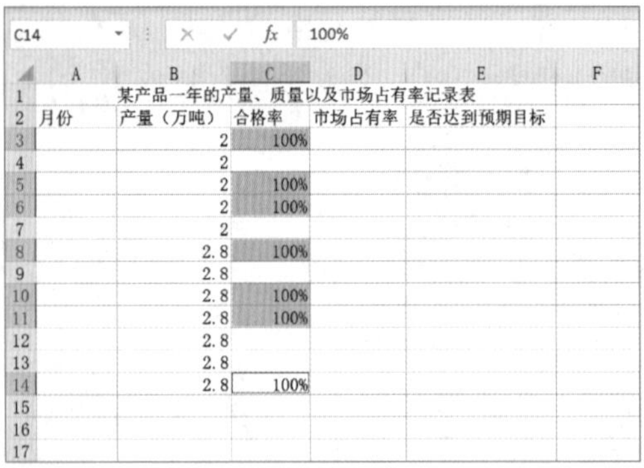

图 10-5　在不连续的单元格中输入相同的数据　　　图 10-6　"合格率"列输入完成后的效果

（2）自动输入序列

1）对于 A3:A14，月份是连续的序列。选定单元格 A3，输入"一月"，将鼠标指针移动到单元格右下角，当其变为"+"形状后，按住鼠标左键，将其拖动至单元格 A14，即完成了月份的输入。单击右下角的" "图标，此时的 Excel 默认选择"填充序列"选项，如图 10-7 所示。

如果需要此列的内容完全相同，则可以选择“复制单元格”选项或者在拖动鼠标时按住 Ctrl 键。“以月填充”表示此列数据以月份的格式填充。其他时间形式，如“星期”等，都可以用此方法输入。

2）“市场占有率”列是一个等差数列，采用以下操作输入数据：

方法 1：选定 D3，输入“5%”，然后选中 D3:D14。

单击“开始”选项卡下“编辑”组中的“填充”按钮，在下拉菜单中选择“序列”选项，弹出“序列”对话框，在“序列产生在”中选择“列”，在“类型”中选择“等差序列”，设置“步长值”为“3%”，单击“确定”按钮，效果如图 10-8 所示。

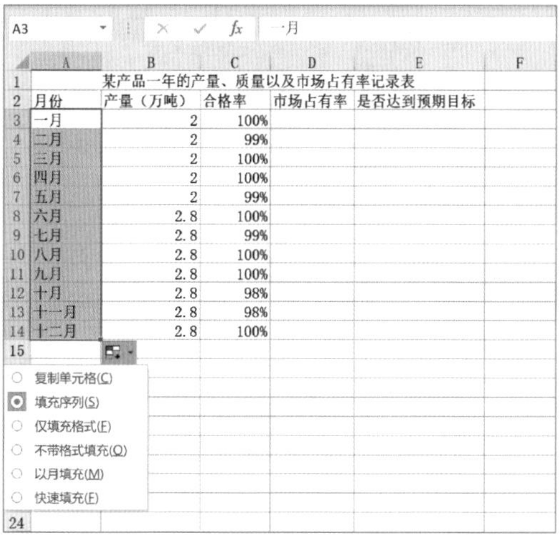

	A	B	C	D	E
1		某产品一年的产量、质量以及市场占有率记录表			
2	月份	产量（万吨）	合格率	市场占有率	是否达到预期目标
3	一月	2	100%		
4	二月	2	99%		
5	三月	2	100%		
6	四月	2	100%		
7	五月	2	99%		
8	六月	2.8	100%		
9	七月	2.8	99%		
10	八月	2.8	100%		
11	九月	2.8	100%		
12	十月	2.8	98%		
13	十一月	2.8	98%		
14	十二月	2.8	100%		

图 10-7　“月份”列输入完成后的效果及默认选项

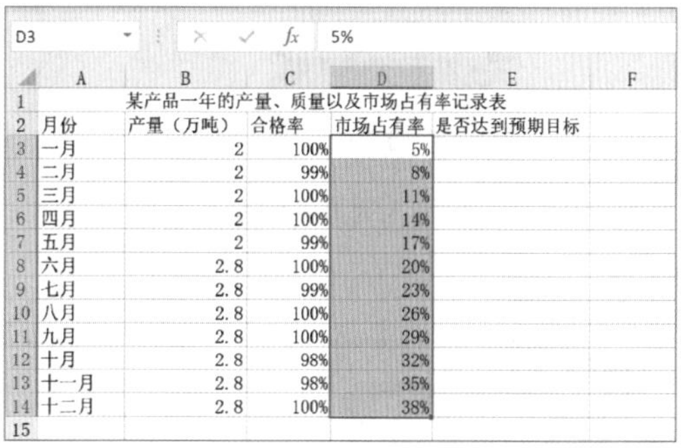

	A	B	C	D	E
1		某产品一年的产量、质量以及市场占有率记录表			
2	月份	产量（万吨）	合格率	市场占有率	是否达到预期目标
3	一月	2	100%	5%	
4	二月	2	99%	8%	
5	三月	2	100%	11%	
6	四月	2	100%	14%	
7	五月	2	99%	17%	
8	六月	2.8	100%	20%	
9	七月	2.8	99%	23%	
10	八月	2.8	100%	26%	
11	九月	2.8	100%	29%	
12	十月	2.8	98%	32%	
13	十一月	2.8	98%	35%	
14	十二月	2.8	100%	38%	

图 10-8　输入等差数列

方法 2：选定第一个需要输入的单元格 D3，输入“5%”，在单元格 D4 中输入“8%”，然后选定这两个单元格。

将鼠标指针移动到 D3 和 D4 单元格框的右下角，当其形状变为“+”时，按住鼠标左键，将其拖动至最后一个需要输入数据的单元格 D14，最终效果与图 10-8 一致。

3. 用记忆和选择列表快速填充数据

在输入表格的最后一列数据时，数据内容包含两种，即“是”和“否”。对于这种数据类型，可以采用如下方法快速输入：

（1）输入 E3 数据后，在输入 E4 数据时，当输入“是”之后，Excel 自动提示后面的内容，如图 10-9 所示。后面的内容以反白形式给出。如果直接按 Enter

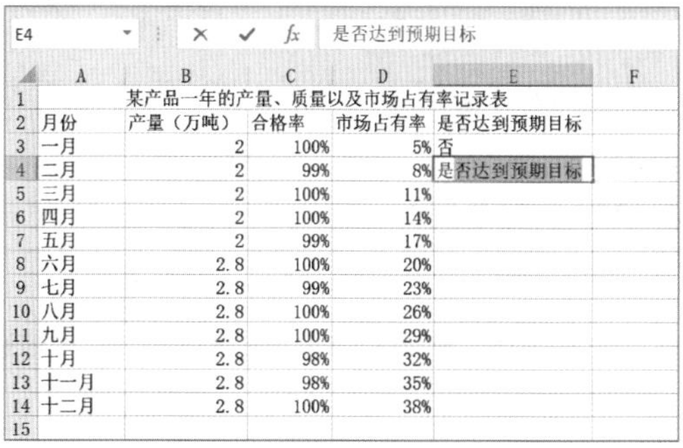

	A	B	C	D	E
1		某产品一年的产量、质量以及市场占有率记录表			
2	月份	产量（万吨）	合格率	市场占有率	是否达到预期目标
3	一月	2	100%	5%	否
4	二月	2	99%	8%	是否达到预期目标
5	三月	2	100%	11%	
6	四月	2	100%	14%	
7	五月	2	99%	17%	
8	六月	2.8	100%	20%	
9	七月	2.8	99%	23%	
10	八月	2.8	100%	26%	
11	九月	2.8	100%	29%	
12	十月	2.8	98%	32%	
13	十一月	2.8	98%	35%	
14	十二月	2.8	100%	38%	

图 10-9　用记忆方法快速输入数据

键，则输入"是否达到预期目标"，对于不符合需要的内容，则按 Backspace 键继续输入即可。

（2）输入 E4 数据之后，由于已经包含了此列所有的数据内容，因此，输入 E5 单元格时，同时按下 Alt 键和↓键，会出现一个下拉列表，如图 10-10 所示，用户在下拉列表中选择所需的内容即可。

按照这两种方法输入余下的内容，即完成表 10-1 全部内容的输入，效果如图 10-11 所示。

图 10-10　输入内容下拉列表

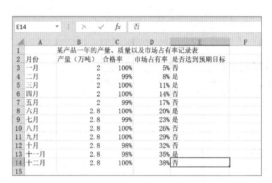

图 10-11　全表输入完成后的效果

（1）在 Excel 2021 中输入"天气情况记录表"（见表 10-2）的内容。

表 10-2　天气情况记录表

日期	天气情况	最低气温（℃）	最高气温（℃）	空气质量状况
2022-12-27	晴	−5	7	优
2022-12-28	多云转晴	−7	6	良
2022-12-29	阴	−10	6	差
2022-12-30	阴	−8	4	良

（2）用 3 种不同的方法选定区域 A5:D5，同时选定第三行和 A4 以及 B5 区域。

任务 10.2　表格样式设置

学习目标

1. 了解单元格格式包含的基本内容，掌握设置单元格格式的具体方法。
2. 了解工作表格式包含的基本内容，掌握自动套用表格格式的操作方法。

任务描述

在任务 10.1 输入的表格基础上，本任务将学习对其数字格式、字体格式、对齐格式、填充样式等进行设置。同时学习如何有条件地进行格式设置、利用 Excel 2021 的单元格样式快速编辑以及自动套用表格格式的方法，对工作表进行格式及样式的设置。设置表格样式结束后，表 10-1 在 Excel 2021 中的格式如图 10-12 所示。

图 10-12　表格样式设置完成后的工作表

相关知识

数字格式是指单元格或工作表中的数值型数据的显示形式。数字格式包括常规、数值、货币、会计专用、日期、时间、百分比、分数、科学计数、文本、特殊（用于显示国家的邮政编码等，可以进行国家 / 地区设置）、自定义等。

字体格式设置主要是指单元格中数据的字体类型、大小、特殊效果以及其他一些选项的设置。

对齐格式设置是指对于单元格中的内容在单元格中的位置进行设置。对齐方式有常规、靠左（缩进）、居中、靠右（缩进）、填充、两端对齐、跨列居中、分散对齐（缩进）8 种。

单元格样式设置是指利用 Excel 2021 中已有的单元格样式，可以对单元格进行快速编辑，以提高工作效率。

条件格式设置是指用户设置一定的条件，使满足条件的单元格内容按照设置的格式显示，这种操作便于用户更加直观地观察单元格的数据内容。

使用自动套用表格格式可以更快速地设置整个工作表，在此基础上进行筛选和排序操作。

在 Excel 中可以设置单元格的格式，包括数字、字体、对齐、填充等选项。下面分别介绍这几类格式的设置方法。

1. 设置数字格式

方法 1：首先选定需要设置数字格式的单元格 B3:B14，单击"开始"选项卡下"数字"组右下角的" "按钮，或者在"开始"选项卡下"单元格"组的"格式"下拉菜单中选择"设置单元格格式"选项，或者单击鼠标右键，在弹出的快捷菜单中选择"设置单元格格式"选项，然后在弹出的"设置单元格格式"对话框中选择"数字"选项卡，在"分类"列表框中选择"数值"选项，并在其右侧的"小数位数"微调框中选择"2"，如图 10-13 所示。单击"确定"按钮后，产量显示为小数位数为 2 的值。

方法 2：选定 B3:B14 后，在"开始"选项卡下"数字"组中的"数字格式"下拉列表中选择"数字"选项即可，如图 10-14 所示。

图 10-13 "设置单元格格式"对话框

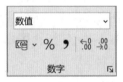

图 10-14 在"数字格式"下拉
列表中选择"数字"选项

在实际应用中，用户还可以将数字设置为其他格式，如日期、货币等，某些数字格式可以通过图 10-14 中的选项直接进行设置。

2. 设置字体格式

方法 1：选定 B3:E14，单击"开始"选项卡下"字体"组右下角的"■"按钮，或者采用上述介绍的方法打开"设置单元格格式"对话框，选择"字体"选项卡。在此选项卡中可以对单元格中字体的类型、字形、字号、颜色、特殊效果等进行设置，这里设置的字体如图 10-15 所示。

方法 2：选定第二行的单元格后，利用"开始"选项卡下"字体"组中的选项（见图 10-16）进行字体格式设置，只需在各下拉列表中选择所需的选项即可。

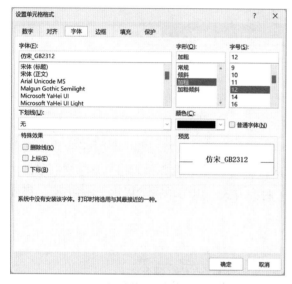

图 10-15 对单元格字体的设置

图 10-16 "字体"组

3. 设置对齐格式

对于数字格式的数据，Excel 默认为右对齐；而对于文本格式的数据，Excel 默认为左对齐。通过设置对齐格式可以改变其对齐方式。

选中 B3:E14，单击"开始"选项卡下"对齐方式"组右下角的"■"按钮，打开"设置单元格格式"对话框，选择"对齐"选项卡。在"水平对齐"下拉列表中选择"靠右（缩进）"选项并选择缩进"0"字符，在"垂直对齐"下拉列表中选择"居中"选项，如图 10-17 所示，单击"确定"按钮完成设置。

当单元格的内容过多，占用了其他单元格或者无法显示时，可以选中"自动换行"复选框。当输入时，此单元格在不改变列宽的情况下将自动增加行高，从而显示其全部内容。

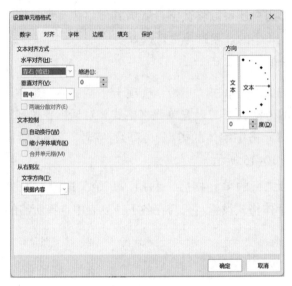

图 10-17　对齐方式设置

如果选中"缩小字体填充"复选框，Excel 在不改变单元格列宽和行高的情况下自动缩小字体，使单元格的内容全部显示。

在此表中，单元格 A1:E1 只有一项内容，因此可以将这几个单元格合并成一个单元格。选定 A1:E1，在图 10-17 所示的对话框中选中"合并单元格"复选框，单击"确定"按钮，然后在"开始"选项卡下"对齐方式"组中单击"居中"按钮 ≡ ，得到的效果如图 10-18 所示。

	A	B	C	D	E
1	某产品一年的产量、质量以及市场占有率记录表				
2	月份	产量（万吨）	合格率	市场占有率	是否达到预期目标
3	一月	2	100%	5%	否
4	二月	2	99%	8%	是

图 10-18　合并单元格并设置居中对齐后的效果

4. 设置填充格式

如果需要填充背景色，选择要填充的单元格 A1:E1，在"设置单元格格式"对话框中选择"填充"选项卡，在"背景色"下选择红色，单击"确定"按钮，填充效果如图 10-19 所示。

	A	B	C	D	E
1	某产品一年的产量、质量以及市场占有率记录表				
2	月份	产量（万吨）	合格率	市场占有率	是否达到预期目标
3	一月	2	100%	5%	否
4	二月	2	99%	8%	是

图 10-19　填充背景色的效果

单击"开始"选项卡下"字体"组中的"填充颜色"按钮或通过其调色板，可迅速对单元格的背景色进行填充。

单击"设置单元格格式"对话框"填充"选项卡中的"填充效果"按钮，弹出图10-20所示的"填充效果"对话框，在此对话框中可以设置对单元格进行两种颜色以及不同样式的填充。渐变填充效果如图10-21所示。

用户也可以自定义填充颜色，在"填充"选项卡中单击"其他颜色"按钮，打开"颜色"对话框，在其中设置所需的颜色。

在"填充"选项卡右边的"图案颜色"和"图案样式"下拉列表中可以设置填充的图案。

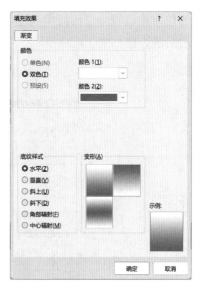

图10-20　"填充效果"对话框

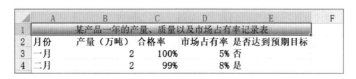

图10-21　渐变填充效果

5. 设置行高和列宽

选定要改变行高的行，单击"开始"选项卡下"单元格"组中的"格式"按钮，在其下拉菜单的"单元格大小"中选择"行高"选项，弹出"行高"对话框，输入行高值，单击"确定"按钮即可。改变列宽与改变行高的方法类似。选择"自动调整行高"或"自动调整列宽"选项时，Excel可以根据各个单元格中的内容自动调整。

把鼠标指针移动到该列编号后的边框附近，当其形状变为"╬"时，按住鼠标左键拖动也可以改变相应的列宽，改变行高同理。

6. 设置条件格式

条件格式是指有条件地设置单元格的格式。使用条件格式可以更直观地查看数据，以便分析。

选定要使用条件格式的单元格B3:B14，单击"开始"选项卡下"样式"组中的"条件格式"按钮，在弹出的下拉菜单中选择"数据条"|"蓝色数据条"选项。

选定要使用条件格式的单元格C3:C14，选择"条件格式"下拉菜单中的"突出显示单元格规则"选项（选择其中的选项可以使符合设置条件的单元格突出显示，并能选择突出显示的颜色）。这里选择"等于"选项，在弹出的对话框中把等于100%的值的单元格设置为"浅红填充色深红色文本",如图 10-22 所示。单击"确定"按钮,完成后的表格如图 10-23 所示。

图 10-22　突出显示格式设置

	A	B	C	D	E	F
1	某产品一年的产量、质量以及市场占有率记录表					
2	月份	产量(万吨)	合格率	市场占有率	是否达到预期目标	
3	一月	2.00	100%	5%	否	
4	二月	2.00	99%	8%	是	
5	三月	2.00	100%	11%	是	
6	四月	2.00	100%	14%	否	
7	五月	2.00	99%	17%	否	
8	六月	2.80	100%	20%	是	
9	七月	2.80	99%	23%	是	
10	八月	2.80	100%	26%	否	
11	九月	2.80	100%	29%	否	
12	十月	2.80	98%	32%	否	
13	十一月	2.80	98%	35%	是	
14	十二月	2.80	100%	38%	否	
15						

图 10-23　突出显示设置完成后的工作表格

7. 设置单元格样式

用户可以选择预定义的单元格样式,快速完成对单元格的格式设置,也可以自定义需要的单元格样式。

选定需要设置样式的单元格 A1,单击"开始"选项卡下"样式"组中的"单元格样式"按钮,打开其下拉菜单,如图 10-24 所示,选择"标题 2"选项。

用户还可以自定义单元格样式,在图 10-24 所示的下拉菜单中选择"新建单元格样式"选项,打开图 10-25 所示的"样式"对话框。

在"样式名"文本框中输入所建样式的名称,单击"格式"按钮,在"设置单元格格式"对话框中进行样式的设置,完成后单击"确定"按钮即可。

8. 自动套用表格格式

用户可以快速地设置一组单元格或整个工作表的格式,并将其转化为表。选定 A2:E14,单击"开始"选项卡下"样式"组中的"套用表格格式"按钮,其下拉菜单如图 10-26 所示,选择浅色样式中的第 16 个,弹出"创建表"对话框,在对话框中可以设置表数据的来源,设置好后单击"确定"按钮。设置自动套用表格格式后的工作表如图 10-12 所示。

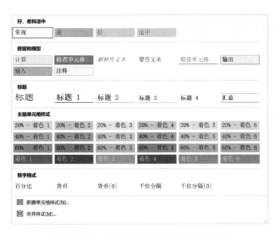

图 10-24　"单元格样式"下拉菜单

图 10-25　"样式"对话框

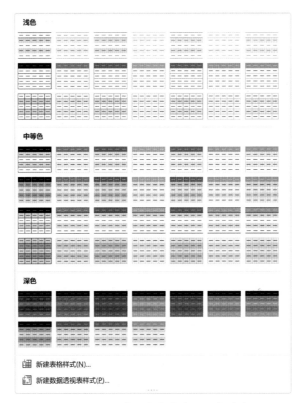

图 10-26　"套用表格格式"下拉菜单

（1）将"天气情况记录表"（见表 10-2）编排成图 10-27 所示的格式。

天气情况记录表				
日期	天气情况	最低气温（℃）	最高气温（℃）	空气质量情况
2022-12-27	晴	-5	7	优
2022-12-28	多云转晴	-7	6	良
2022-12-29	阴	-10	6	差
2022-12-30	阴	-8	4	良

图 10-27 "天气情况记录表"的格式

其中，表的标题为宋体 22 号，各列标题为华文彩云 14 号，数据内容为宋体 12 号。

（2）参照图 10-28 所示的"某班课程表"的效果，制作该课程表，然后采用条件格式设置"数学"为斜体加粗，"物理"为浅红填充色深红色文本。

某班课程表					
节数＼星期	星期一	星期二	星期三	星期四	星期五
第一节课	*数学*	语文	*数学*	英语	*数学*
第二节课	英语	化学	历史	化学	化学
第三节课	音乐	体育	物理	体育	美术
第四节课	物理	地理	生物	语文	物理
第五节课	历史	政治	美术	地理	语文
第六节课	生物	英语	自习	物理	自习

图 10-28 "某班课程表"的设置效果

项目十一
图形和图表的插入

在 Excel 2021 中，用户可以很轻松地创建具有专业外观的图形和图表。本项目主要介绍联机图片、形状、艺术字等图形和基本图表的插入、编辑和使用方法。

任务 11.1　制作生日贺卡

1. 了解 Excel 2021 中的图形对象。
2. 掌握联机图片、形状、艺术字等图形的插入、修改和删除等操作。
3. 熟悉 Excel 2021 各种图形的应用。

本任务以制作生日贺卡为例来学习 Excel 2021 中图片、形状、艺术字的处理技巧。

制作生日贺卡需要插入图片、形状等，本任务可以从联机图片中选取与生日相匹配的"生日蛋糕"图片，再插入"心形"形状，然后插入艺术字"生日快乐"，并设置艺术字的样式。

相关知识

Excel 2021 中可以插入的图形对象有图标、3D 模型、形状、图片、SmartArt 图形、屏幕截图、文本框、艺术字等。

Excel 2021 中可插入本地图片文件，也可插入联机图片。Office 2021 提供了海量的联机图片和图像集。图像集中将图片分为图像、图标、人像抠图、贴纸、插图和卡通人物六大类；联机图片有飞机、动物、苹果、秋天等多种，在搜索框内输入要找的图片，如"海"，可找到所需图片。

形状包括线条、矩形、基本形状，以及箭头总汇、公式形状、流程图、星与旗帜、标注等。

艺术字是一种装饰性的文字，通过使用艺术字可以使文字具有阴影、扭曲、旋转、拉伸等效果，而且在 Excel 表格中可以按照预定义的形状创建文字，还可以使用"绘图"工具栏上的工具改变艺术字的效果。

实践操作

（1）打开 Excel 2021，新建空白工作簿，将其命名为"生日贺卡"并保存。

（2）插入联机图片。选中工作表 Sheet1，然后在"插入"选项卡下的"插图"组中单击"图片"按钮，在弹出的下拉菜单中选择"联机图片"，在打开的"联机图片"对话框的搜索框内输入"生日"，按 Enter 键，可搜索出大量与生日相关的图片，如图 11-1 所示，在其中选择一张合适的图片，单击"插入"按钮（或双击图片），即可将该图片插入到表格中，调整图片大小，效果如图 11-2 所示。

（3）插入并编辑形状。在"插入"选项卡下的"插图"组中单击"形状"按钮，在弹出的下拉菜单"基本形状"中选择"心形"，将鼠标指针移动到工作表需要绘制图形的地方，即生日蛋糕的左下角处，鼠标指针会变成十字形状，这时按住鼠标左键和 Shift 键（保持原始宽高比例调整大小）拖动鼠标，将显示"心形"的形状，之后松开鼠标左键和 Shift 键，即完成了绘制。双击插入的"心形"形状，在"形状格式"选项卡下"形状样式"组左侧的形状线条样式下拉列表中选择与"生日蛋糕"相配的形状样式。也可以在"形状填充"和"形状轮廓"下拉列表中选择填充和轮廓的颜色及样式，设置后的效果如图 11-3 所示。

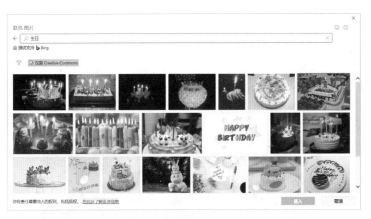

图 11-1　"联机图片"对话框

图 11-2　插入"联机图片"后的效果

图 11-3　"心形"形状的插入和编辑

（4）插入艺术字。在"插入"选项卡下的"文本"组中单击"艺术字"按钮，在弹出的艺术字样式列表中选择第一行第三列样式，在"请在此放置您的文字"文本框中输入"生日快乐",将艺术字字号设置为54。选中"生日快乐"文本框,在"形状格式"选项卡下的"艺术字样式"组中单击"形状填充"按钮,在弹出的下拉菜单中选择"红色";单击"形状轮廓"按钮,在弹出的下拉菜单中选择标准色为黄色、粗细为0.75磅。调整"生日快乐"文本框的位置。生日贺卡的最终效果如图11-4所示。

图11-4 生日贺卡的最终效果

发挥自己的创意,制作一个精美的新年贺卡。

任务 11.2 创建与编辑图表

1. 了解 Excel 2021 中的柱形图、折线图、条形图、饼图等基本图表。
2. 掌握柱形图的使用方法。
3. 熟悉 Excel 2021 中各种图表的应用。

任务描述

本任务将学习制作及编辑一个"各班男女生比例情况"图表。

首先在 Excel 2021 中制作一个"各班男女生人数"的表格（见表 11-1）。

表 11-1　各班男女生人数　　　　　　　　　单位：人

	男生	女生
一班	34	43
二班	65	21
三班	45	37
四班	28	54

然后利用 Excel 2021 的图表功能制作一个柱形图，并对其进行各种编辑，以便更直观、清晰地表示出数据的变化情况。

相关知识

利用 Excel 2021"插入"选项卡下的"图表"组，可以创建各种类型的图表，帮助用户以更加直观的方式来显示数据。

不同的图表类型表述不同的含义，Excel 2021 中可用的图表类型有柱形图、折线图、饼图、条形图、面积图、XY 散点图、地图、股价图、曲面图、雷达图、树状图、旭日图、直方图、箱形图、瀑布图、漏斗图、组合图等。

图表由绘图区和图表标题、网格线、数据系列、图例、数值轴、分类轴等组成，如图 11-5 所示。

图表标题是说明性的文本，自动与坐标轴对齐或者在图表顶部居中。

在二维图表中，绘图区是指通过轴来界定的区域，包括所有的数据系列；在三维图表中，绘图区包括所有的数据系列、分类名、刻度线标志和坐标轴标题。

网格线是在图表中方便查看和计算数据的线条，在坐标轴上是刻度线的延伸并且穿过绘图区。

数据系列是在图表中绘制的相关数据点，这些数据源自数据表的行或列，每个数据系列都具有唯一的颜色或图案，并在图表的图例中表示。可以在图表中绘制一个或者多个数据系列，但是饼图只有一个数据系列。

坐标轴用于界定图表绘图区，是度量的参照框架。Y 轴通常作为数值轴，包含带有刻度的数据，X 轴通常作为分类轴，包含分类名称。在坐标轴上还可以添加标题。

图例用于标识图表中的数据系列或分类制定的图案或者颜色，在界面上表现为一个个小方框。

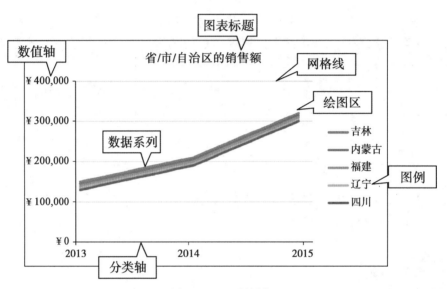

图 11-5　示例图表

实践操作

（1）启动 Excel 2021，创建一个空白工作簿，命名为"各班男女生比例情况"并保存。

（2）在工作表中输入图 11-6 所示的数据。

（3）创建图表。选择输入的数据，单击"插入"选项卡下的"图表"组中的"柱形图"按钮，在下拉菜单中选择一个用户需要的子类型，这里选择"三维堆积柱形图"选项，插入图表后的效果如图 11-7 所示。这时菜单栏中添加了"图表设计"和"格式"选项卡。

图 11-6　输入各班男女生人数

（4）修饰图表区域。在"格式"选项卡下的"当前所选内容"组中打开"图表元素"下拉菜单，选择"图表区"选项（或者单击图表区域）后，图表区域被选中。选中图表区后，在"格式"选项卡下的"形状样式"组中选择一种合适的颜色样式，效果如图 11-8 所示。

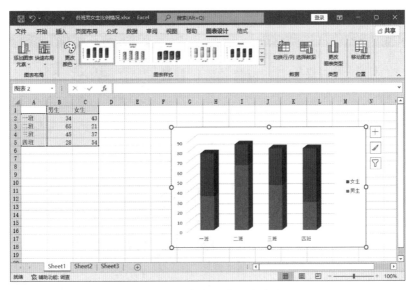

图 11-7　插入图表后的效果

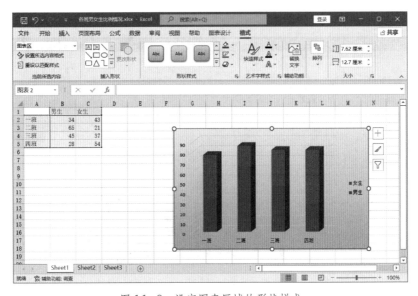

图 11-8　设定图表区域的形状样式

（5）添加图表标题。在"图表设计"选项卡下的"图表布局"组中单击"添加图表元素"按钮，在弹出的下拉菜单中选择"图表标题"，在下拉菜单中选择"图表上方"选项。在图表上的"图表标题"区输入"各班男女生比例情况"，如图 11-9 所示。

（6）修饰坐标轴标题。在"图表设计"选项卡下的"图表布局"组中单击"添加图表元素"按钮，在弹出的下拉菜单中选择"坐标轴标题"，在下拉菜单中选择"主要纵坐标轴"选项，在纵坐标的"坐标轴标题"处输入"人数"，更改后的效果如图 11-10 所示。

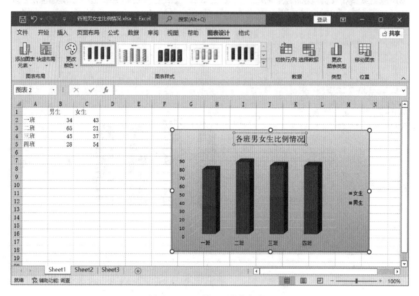

图 11-9　输入图表标题

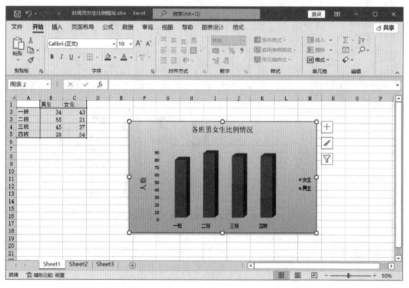

图 11-10　设置坐标轴标题后的效果

（7）在"图表设计"选项卡下的"图表布局"组中单击"快速布局"按钮，在弹出的下拉列表中选择"布局 5"，在图表中显示数据表，如图 11-11 所示。若要修改图表中的数据，只需要在原始数据中做修改，相互链接的数据会随之对图表进行改动。

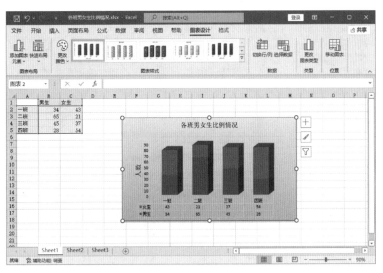

图 11-11　在图表中显示数据表

（8）更改图表类型。选中图表，在"图表设计"选项卡下的"类型"组中单击"更改图表类型"按钮，在弹出的"更改图表类型"对话框中选择"条形图"选项下的"簇状条形图"，单击"确定"按钮，更改后的效果如图 11-12 所示。

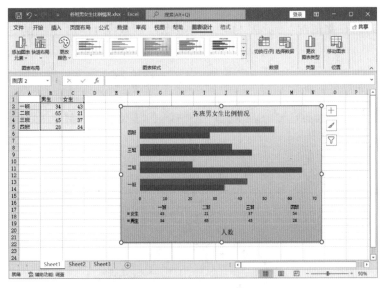

图 11-12　更改图表类型

（9）改变图表样式。选中图表，在"图表设计"选项卡下的"图表样式"组中选择样式 3，更改后的效果如图 11-13 所示。

（10）选中图表，单击鼠标右键，在弹出的快捷菜单中选择不同选项，还可以对制作好的图表进行复制、删除等操作，最后保存工作簿即可。

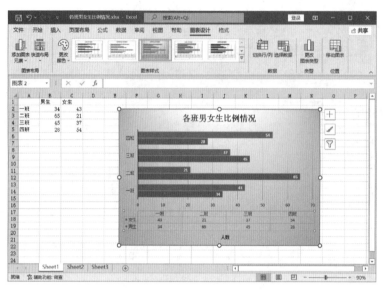

图 11-13　更改图表样式

将"运动会获奖情况"（见表 11-2）的数据绘制成图 11-14 所示的三维饼图，并设置样式。

表 11-2　运动会获奖情况　　　　　　　　　　　　　单位：人

等次	人数
金牌	25
银牌	45
铜牌	103

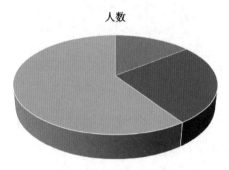

图 11-14　三维饼图

项目十二
数据计算和数据管理

Excel 2021 具有强大的分析和处理数据的能力，这些主要是依靠公式和函数来实现的。Excel 2021 提供了 300 多个内置函数，在使用公式时调用这些函数可以对工作表中的数据进行计算，大大提高处理数据的能力。本项目将系统地介绍公式和函数的基础知识以及数据管理的相关知识及操作。

任务 12.1　数据计算

1. 了解数据计算在 Excel 2021 中的基础作用、公式的组成和作用。
2. 掌握直接输入公式和函数进行数据计算的方法。

本任务以利用公式计算表 12-1 中实验数据的体积、密度以及平均密度为例，来学习数据的计算方法。

表 12-1　实验数据

	长（cm）	宽（cm）	高（cm）	质量（g）
试样 1	9.23	3.32	4.43	20.3
试样 2	8.98	3.44	4.47	22.5
试样 3	9.24	4.21	4.58	23.2
试样 4	9.55	3.58	4.67	21.8

本任务中用到的公式：体积 = 长 × 宽 × 高，密度 = 质量 ÷ 体积，平均密度 =（试样 1 的密度 + 试样 2 的密度 + 试样 3 的密度 + 试样 4 的密度）÷4。

相关知识

1. 相关概念

公式是对工作表中的数值执行计算的等式，以等号（=）开头。公式可以包括函数、引用、运算符和常量等。以圆的面积公式"圆的面积 = π × 半径 ^{2}"为例，公式的组成如图 12-1 所示。

图 12-1　公式的组成

（1）函数。函数是预先编写的公式，可以对一个或多个值执行运算，并且返回一个或多个值。函数可以简化和缩短公式，使用十分方便，尤其是在用公式执行很长或者复杂的计算时。函数由等号（=）、函数名以及参数组成，每一个函数都有相应的语法规则，在函数的使用过程中必须遵守。函数参数的类型根据函数的类型有所不同，常量、单元格引用、其他函数都可以作为函数的参数。Excel 函数的类型包括财务、逻辑、文本、日期和时间、查找与引用、数学和三角函数、其他函数（包括统计、工程、多维数据集、信息、兼容性、Web）等。

（2）引用。在图 12-1 所示的公式中，A2 是指返回单元格 A2 中的值，这里的 A2 就是引用。

（3）运算符。运算符是指一个标记或符号，指定表达式内执行的计算类型，包括算术、比较、文本连接和引用运算符等。例如，"∧"运算符表示将数字乘方，"*"运算符表示数字相乘。

（4）常量。常量是指在运算过程中不发生变化的量，也就是不用计算的值，如数字 2 及文本"收入"等都是常量。

2．运算符

运算符用于对公式和函数中的元素进行特定类型的运算。Excel 包含 4 种不同类型的运算符：算术运算符、比较运算符、文本连接运算符和引用运算符。

（1）算术运算符（见表 12-2）。若要完成基本的数学运算（如加法、减法、乘法等）、合并数字以及生成数值结果，就可以使用算术运算符。

表 12-2　算术运算符

算术运算符	含义	示例
+（加号）	加法	3+3
−（减号）	减法	3−1
	负数	−1
*（星号）	乘法	3*3
/（正斜杠）	除法	3/3
%（百分号）	百分比	20%
∧（脱字号）	乘方	3∧2

（2）比较运算符（见表 12-3）。比较运算符可以用于比较两个值，比较结果为逻辑值 TRUE 或者 FALSE。

表 12-3　比较运算符

比较运算符	含义	示例
=（等号）	等于	A1=B1
>（大于号）	大于	A1>B1
<（小于号）	小于	A1<B1
>=（大于或等于号）	大于等于	A1>=B1
<=（小于或等于号）	小于等于	A1<=B1
<>（不等号）	不等于	A1<>B1

（3）文本连接运算符（见表 12-4）。可以使用 &（与号）连接一个或多个文本字符串，以生成单个文本。

表 12-4　文本连接运算符

文本连接运算符	含义	示例
&（与号）	将两个值连接（或串连）起来产生一个连续的文本值	"North" & "Wind"

（4）引用运算符（见表12-5）。可以利用引用运算符对单元格区域进行合并计算。

表 12-5　引用运算符

引用运算符	含义	示例
:（冒号）	区域运算符，生成一个对两个引用之间所有单元格的引用（包括这两个引用）	B5:B15
,（逗号）	联合运算符，将多个引用合并为一个引用	SUM（B5:B15，D5:D15）
（空格）	交集运算符，生成对两个引用中共有的单元格的引用	B7:D7　C6:C8

Excel 中的公式始终以等号（=）开头，等号后面是要计算的元素（操作数），各操作数之间由运算符分隔。Excel 按照公式中每个运算符的特定次序从左至右计算公式。如果公式中含有多个运算符，Excel 将按照表 12-6 中的顺序进行计算；如果公式中包含相同优先级的运算符，则 Excel 按照从左到右的顺序进行计算。

表 12-6　运算符优先级

运算符	说明
:（冒号）（单个空格），（逗号）	引用运算符
−	负数（如 −5）
%	百分比
∧	乘方
* 和 /	乘和除
+ 和 −	加和减
&	连接两个文本字符串（串连）
= ＜ ＞ <= >= <>	比较运算符

若要更改求值的顺序，则可将公式中要先计算的部分用括号括起来。例如，"=5+4*2"首先将 4 与 2 相乘，再用其乘积与 5 求和得值 13；也可以加上括号对其语法进行更改，"=（5+4）*2"将先求出 5 与 4 的和，再用结果乘以 2 得值 18。

实践操作

（1）启动 Excel 2021，新建空白工作簿，将其命名为"实验数据的处理"并保存。

（2）在工作表中输入包含图 12-2 中数据的内容，即"长（cm）""宽（cm）""高（cm）""体积（cm^3）""质量（g）""密度（g/cm^3）""平均密度（g/cm^3）"，以及各试样名称。

	A	B	C	D	E	F	G	H	I
1		长（cm）	宽(cm)	高(cm)	体积(cm^3)	质量(g)	密度(g/cm^3)	周长（cm）	平均密度(g/cm^3)
2	试样1								
3	试样2								
4	试样3								
5	试样4								

图 12-2　输入表格元素

注意，在输入单位"cm^3"时，可以选中需要上标的字符"3"，单击鼠标右键，在弹出的快捷菜单中选择"设置单元格格式"选项，打开"设置单元格格式"对话框，选中"上标"复选框，单击"确定"按钮。

（3）将实验中用尺测得的试样的长、宽、高及用天平测得的质量分别输入表中的相应位置，如图 12-3 所示。

F17		×	✓	fx		
	A	B	C	D	E	F	G
1		长（cm）	宽(cm)	高(cm)	体积(cm^3)	质量(g)	密度(g/cm^3)
2	试样1	9.32	3.32	4.43		20.3	
3	试样2	8.98	3.44	4.47		22.5	
4	试样3	9.24	4.21	4.58		23.2	
5	试样4	9.55	3.58	4.67		21.8	
6							

图 12-3　输入实验测量的数据

（4）根据"体积 = 长 × 宽 × 高"，计算试样 1 的体积，在单元格 E2 中（或者编辑栏中）输入公式"=B2*C2*D2"（＊代表乘号），如图 12-4 所示。在输入公式的过程中，引用单元格可以用鼠标单击，例如，用鼠标单击 B2 单元格，再输入"＊"，用这种方法进行输入。输入完毕，按 Enter 键（或者单击编辑栏上的"输入"按钮）即可在 E2 单元格返回计算值，如图 12-5 所示。

SUM		×	✓	fx	=B2*C2*D2	
	A	B	C	D	E	F	G
1		长（cm）	宽(cm)	高(cm)	体积(cm^3)	质量(g)	密度(g/cm^3)
2	试样1	9.32	3.32	4.43	=B2*C2*D2	20.3	
3	试样2	8.98	3.44	4.47		22.5	
4	试样3	9.24	4.21	4.58		23.2	
5	试样4	9.55	3.58	4.67		21.8	

图 12-4　输入公式

	A	B	C	D	E
1		长（cm）	宽(cm)	高(cm)	体积(cm³)
2	试样1	9.32	3.32	4.43	137.074832
3	试样2	8.98	3.44	4.47	
4	试样3	9.24	4.21	4.58	
5	试样4	9.55	3.58	4.67	

图 12-5　输入公式后返回计算值

要将"体积"的小数位数设置为保留小数点后两位，可以选择 E2 单元格内的数值，单击鼠标右键，在弹出的快捷菜单中选择"设置单元格格式"选项，打开"设置单元格格式"对话框，在"数字"选项卡的"分类"列表框中选择"数值"选项，将"小数位数"更改为"2"，单击"确定"按钮。还可以选中单元格后，在"开始"选项卡下的"数字"组中单击"减少小数位数"按钮，单击数次，直到小数点后为 2 位为止。

将鼠标指针移至 E2 单元格的右下角，当其变成黑色十字填充柄时，按住鼠标左键拖动选择 E2:E5 单元格，如图 12-6 所示。释放鼠标左键，其他试样的体积也被计算出来了，填充公式后的表格如图 12-7 所示。

E2			fx	=B2*C2*D2	
	A	B	C	D	E
1		长（cm）	宽(cm)	高(cm)	体积(cm³)	质
2	试样1	9.32	3.32	4.43	137.074832
3	试样2	8.98	3.44	4.47	
4	试样3	9.24	4.21	4.58	
5	试样4	9.55	3.58	4.67	
6					

图 12-6　用填充柄填充公式

E2			fx	=B2*C2*D2	
	A	B	C	D	E	
1		长（cm）	宽(cm)	高(cm)	体积(cm³)	质量
2	试样1	9.32	3.32	4.43	137.074832
3	试样2	8.98	3.44	4.47	138.083664
4	试样3	9.24	4.21	4.58	178.163832
5	试样4	9.55	3.58	4.67	159.662630
6					

图 12-7　填充公式后的效果

（5）根据"密度＝质量÷体积"，在 G2 单元格内输入公式"=F2/E2"，如图 12-8 所示。将密度计算值用"减少小数位数"按钮设置成保留小数点后两位，并且用填充柄填充结果到 G3:G5 单元格区域，填充后的效果如图 12-9 所示。

	A	B	C	D	E	F	G
1		长（cm）	宽（cm）	高（cm）	体积（cm³）	质量(g)	密度(g/cm³)
2	试样1	9.32	3.32	4.43	137.07	20.3	=F2/E2
3	试样2	8.98	3.44	4.47	138.08	22.5	
4	试样3	9.24	4.21	4.58	178.16	23.2	
5	试样4	9.55	3.58	4.67	159.66	21.8	
6							

图 12-8　输入密度公式

	A	B	C	D	E	F	G	H
1		长（cm）	宽(cm)	高(cm)	体积（cm³）	质量(g)	密度(g/cm³)	平均密度(g/cm³)
2	试样1	9.32	3.32	4.43	137.07	20.3	0.15	
3	试样2	8.98	3.44	4.47	138.08	22.5	0.16	
4	试样3	9.24	4.21	4.58	178.16	23.2	0.13	
5	试样4	9.55	3.58	4.67	159.66	21.8	0.14	
6								

图 12-9　填充密度公式后的效果

（6）使用函数。由于"平均密度 =（试样 1 的密度 + 试样 2 的密度 + 试样 3 的密度 + 试样 4 的密度）÷4"，而 AVERAGE 函数可以求一系列数据的平均值，因此可以利用 AVERAGE 函数来完成此项求平均值的计算。选择 H2 单元格，输入"=AVERAGE（G2:G5）"，此函数的意思就是求 G2、G3、G4 和 G5 单元格数据的平均值。或者单击编辑栏左边的"f_x"按钮，在"插入函数"对话框中选择"AVERAGE 函数"，单击"确定"按钮，在弹出的"函数参数"对话框中输入相对应的各参数值，如图 12-10 所示。输入函数的效果如图 12-11 所示，它是公式的一部分，是预先编写好的特殊公式，用于代替一些固定的算法。

图 12-10　通过"函数参数"对话框输入函数

	A	B	C	D	E	F	G	H	I	J
1		长（cm）	宽(cm)	高(cm)	体积（cm³）	质量(g)	密度(g/cm³)	平均密度(g/cm³)		
2	试样1	9.32	3.32	4.43	137.07	20.3	0.15	=AVERAGE(G2:G5)		
3	试样2	8.98	3.44	4.47	138.08	22.5	0.16	AVERAGE(number1, [number2], ...)		
4	试样3	9.24	4.21	4.58	178.16	23.2	0.13			
5	试样4	9.55	3.58	4.67	159.66	21.8	0.14			

图 12-11　输入函数的效果

（7）编辑公式。若需要修改公式，则单击需要修改的单元格，单击编辑栏（或者双击单元格，或者选中单元格后按 F2 键），出现插入点（闪烁的光标）后，就可以修改了，修改公式完毕，按 Enter 键或者 Esc 键（或者单击编辑栏中的"输入"按钮）即可退出公式编辑状态。

（8）复制和移动公式。其操作与复制和移动单元格的方法基本相同。单击鼠标右键，选择"复制"选项（若要移动则选择"剪切"选项），在需要复制的目标地址单元格中单击鼠标右键，在弹出的快捷菜单中选择"粘贴"选项，即可完成操作。对公式的移动和复制会产生单元格地址的变化，也就是单元格引用位置会发生变化，并同时影响其计算结果。

（9）删除公式。可以只删除公式而保留计算结果，操作时，选中单元格，单击鼠标右键，在弹出的快捷菜单中选择"复制"选项，再保持对单元格的选定，单击鼠标右键，在弹出的快捷菜单中选择"选择性粘贴"选项，在弹出的"选择性粘贴"对话框中选中"数值"单选框，然后单击"确定"按钮即可，如图 12-12 所示。此时可以将公式和单元格中的计算结果都删除，只要选中单元格后，按 Delete 键即可删除。

图 12-12 "选择性粘贴"对话框

（1）计算本任务实验数据的质量平均值。

（2）计算本任务实验数据的体积平均值。

任务 12.2　数据管理

1. 了解数据管理的种类。
2. 掌握筛选、排序的具体操作方法。

在 Excel 2021 中，可以对文本数据、日期数据和数值等按照不同的标准来排序，从而有助于快速、直观地显示数据并更好地理解数据，也有助于组织并查找数据。

本任务通过处理期中考试成绩表（见表 12-7）来学习工作表中数据管理的操作方法。首先，在成绩表中对成绩大于 80 分的进行筛选，然后对学生的成绩进行排序。所谓排序就是按照一定的顺序把工作表中的数据重新排列。

表 12-7　期中考试成绩表

	英语	数学	物理	化学	语文
王亚军	77	80	78	85	70
周平	82	85	76	86	80
张远	90	84	87	82	88
冯征	60	71	62	59	65
赵敬峰	84	72	76	75	80
任征	95	90	93	90	89
郝迪	70	72	76	69	80
王丽坤	65	70	68	71	63

虽然利用"查找"的方法也能迅速找到内容，但是只能局限于某个单元格，而且利用"查找"操作并不能直观地观察符合某种条件的全部数据内容，因此，Excel 提供了筛选功能。

筛选操作是指用户根据需求在 Excel 中只显示符合要求的数据，以便更加方便、直观地观察和分析数据。Excel 中的筛选操作包括自动筛选和高级筛选。

排序是按照用户的设置对整个工作表的数据重新进行排列，主要包括单行或单列的排序、多行或多列的排序以及自定义排序。

1. 数据筛选

（1）自动筛选

选定任意单元格，单击"开始"选项卡下"编辑"组中的"排序和筛选"按钮，在下拉菜单中选择"筛选"选项，或者单击"数据"选项卡下"排序和筛选"组中的"筛选"按钮，即在各列的第一行出现自动筛选按钮，如图 12-13 所示。

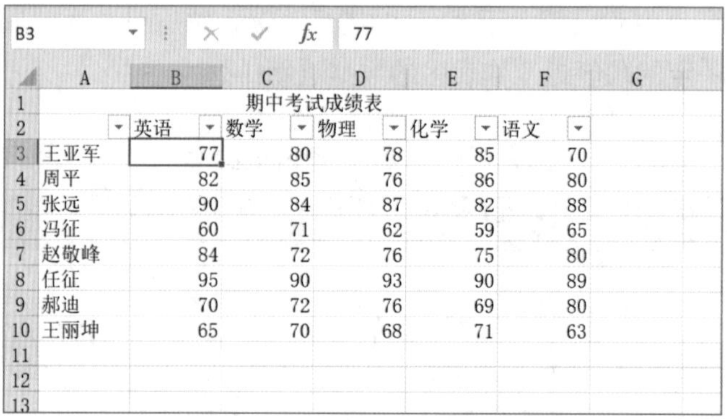

图 12-13　单击"筛选"按钮后的工作表

单击需设置筛选条件列的自动筛选按钮，如"英语"列，在其下拉菜单中选择"数字筛选"｜"大于或等于"选项，打开图 12-14 所示的"自定义自动筛选"对话框。

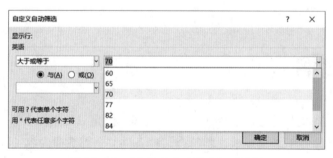

图 12-14　"自定义自动筛选"对话框

在此对话框中，在“大于或等于”选项右侧的下拉列表中选择“70”，单击“确定”按钮，则工作表即只显示英语成绩大于等于 70 分的学生的得分情况，如图 12-15 所示。

B3　fx　77

	A	B	C	D	E	F	G
1	期中考试成绩表						
2		英语	数学	物理	化学	语文	
3	王亚军	77	80	78	85	70	
4	周平	82	85	76	86	80	
5	张远	90	84	87	82	88	
7	赵敬峰	84	72	76	75	80	
8	任征	95	90	93	90	89	
9	郝迪	70	72	76	69	80	
11							
12							
13							

图 12-15　“英语”列按“大于或等于 70”筛选后的工作表

完成筛选后，“英语”列的自动筛选按钮变为“”，但是每项的名称并没有改变，如“赵敬峰”的成绩仍然在第 7 行。

在以上操作的基础上，继续单击“语文”列的自动筛选按钮，在下拉菜单中选择“数字筛选”|“大于或等于”选项，在打开的“自定义自动筛选”对话框中选择“80”，单击“确定”按钮，完成后的效果如图 12-16 所示。

B3　fx　77

	A	B	C	D	E	F	G
1	期中考试成绩表						
2		英语	数学	物理	化学	语文	
4	周平	82	85	76	86	80	
5	张远	90	84	87	82	88	
7	赵敬峰	84	72	76	75	80	
8	任征	95	90	93	90	89	
9	郝迪	70	72	76	69	80	
11							
12							
13							

图 12-16　“语文”列按“大于或等于 80”筛选后的工作表

此时的筛选就建立在“英语成绩大于或等于 70 分”“语文成绩大于或等于 80 分”这两个选项之上。如果想取消某项条件的筛选，只需单击“”按钮，在其下拉菜单中选择“从……中清除筛选器”选项即可，或者再单击一次“开始”选项卡下“编辑”组中的“排序和筛选”按钮，选择“筛选”，或单击“数据”选项卡下“排序和筛选”组中的“筛选”按钮，则返回普通的工作表模式。

（2）高级筛选

高级筛选用于比自动筛选更复杂的数据筛选，它与自动筛选的区别在于，高级筛选不显示列的自动筛选按钮，而是将数据表的上方或下方的一个单独的地方设为条件区域，在条件区域内设置筛选条件。

例如，要对"各科成绩大于80分"的数据进行筛选。首先在第11行的B11:F11单元格区域输入需要筛选的列名，然后在列名的下方单元格中分别输入条件，即">80"，如图12-17所示。

图 12-17　高级筛选设置

提示

如果设置条件的关系为"与"，则在同一行输入；如果设置条件的关系为"或"，则在不同行输入。

设置完毕，选定工作表中任意空白单元格，单击"数据"选项卡下"排序和筛选"组中的"高级"按钮，打开图12-18所示的"高级筛选"对话框。

这里在"方式"中选中"在原有区域显示筛选结果"。单击"列表区域"右侧的"↑"按钮，选择筛选区域A2:F10后，再单击一次"↑"按钮，返回对话框。单击"条件区域"右侧的"↑"按钮，选择条件区域B11:F12，再单击一次"↑"按钮，返回对话框，单击"确定"按钮。完成后的效果如图12-19所示。同样，各单元格的名称也没有改变。如果需要返回，单击"数据"选项卡下"排序和筛选"组中的"筛选"按钮，然后删除"条件区域"中的内容即可。

图 12-18　"高级筛选"对话框

	A	B	C	D	E	F	G
1			期中考试成绩表				
2		英语	数学	物理	化学	语文	
5	张远	90	84	87	82	88	
8	任征	95	90	93	90	89	
11		英语	数学	物理	化学	语文	
12		>80	>80	>80	>80	>80	
13							
14							

图 12-19 高级筛选后的工作表

2. 数据排序

（1）单列或单行数据的排序

选定数据区域 A2:F10，单击"数据"选项卡下"排序和筛选"组中的"排序"按钮，或者单击"开始"选项卡下"编辑"组中的"排序和筛选"按钮，选择"自定义排序"选项，打开"排序"对话框。

单击"选项"按钮，打开"排序选项"对话框。在"方向"选项组中选中"按列排序"，在"方法"选项组中选中"字母排序"，如图 12-20 所示，单击"确定"按钮。

图 12-20 "排序选项"对话框

在"排序"对话框中需要输入排序的条件。首先在"主要关键字"下拉列表中选择"英语"，在"排序依据"中选择"单元格值"，在"次序"中选择"降序"，如图 12-21 所示，单击"确定"按钮。工作表将按照英语成绩的降序重新排列，如图 12-22 所示。

图 12-21 "排序"对话框

	A	B	C	D	E	F	G
1			期中考试成绩表				
2		英语	数学	物理	化学	语文	
3	任征	95	90	93	90	89	
4	张远	90	84	87	82	88	
5	赵敬峰	84	72	76	75	80	
6	周平	82	85	76	86	80	
7	王亚军	77	80	78	85	70	
8	郝迪	70	72	76	69	80	
9	王丽坤	65	70	68	71	63	
10	冯征	60	71	62	59	65	
11							

图 12-22 按英语成绩降序排列后的工作表

（2）多列或多行数据的排列

当工作表某列或某行的数据有相同的情况时，单列或单行排序可能无法满足用户的要求，这时就需要用到多列或多行排序。

打开图 12-21 所示的"排序"对话框，设置选项并选中"数据包含标题"复选框。首先把工作表按"英语"降序排列，然后单击两次"添加条件"按钮，在两个"次要关键字"下拉列表中分别选择"数学"和"语文"，在"排序依据"中选择"单元格值"，在"次序"中选择"降序"，如图 12-23 所示。

图 12-23　多列数据排列设置

单击"确定"按钮后，首先按英语成绩的降序排列，英语成绩相同的则按数学成绩的降序排列，以此类推。

用户可以根据需要继续单击"添加条件"按钮，以实现更多条件的排序。

（3）自定义排序

自定义排序是指工作表数据按照用户自定义的序列进行排序。通常应用在需要按照工作表中具体内容排序时的情况，如按照语文、数学、英语、物理、化学的顺序按行排序，具体操作方法如下：

在 A2 单元格中输入"学生"，选择 A2:F10 区域。单击"数据"选项卡下"排序和筛选"组中的"排序"按钮，打开"排序"对话框，单击"选项"按钮，打开"排序选项"对话框，在"方向"选项组中选择"按行排序"单选框，然后单击"确定"按钮，返回"排序"对话框，在"主要关键字"下拉列表中选择"行 2"，在"次序"下拉列表中选择"自定义序列"，在弹出的"自定义序列"对话框左侧的"自定义序列"列表框中选择"新序列"，再在"输入序列"列表框中按图 12-24 所示输入序列。单击"确定"按钮，返回"排序"对话框，此时"次序"下拉列表已设置完成，如图 12-25 所示。单击"确定"按钮后，工作表即按照语文、数学、英语、物理、化学的顺序按行排序，如图 12-26 所示。

（1）求本任务期中考试成绩表中各学生的总成绩。

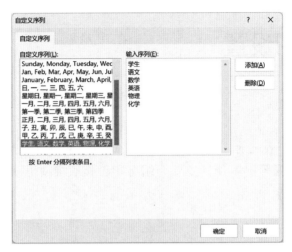

图 12-24 自定义序列

图 12-25 "排序"对话框

	A	B	C	D	E	F	G
1			期中考试成绩表				
2	学生	语文	数学	英语	物理	化学	
3	冯征	65	71	60	62	59	
4	郝迪	80	72	70	76	69	
5	任征	89	90	95	93	90	
6	王丽坤	63	70	65	68	71	
7	王亚军	70	80	77	78	85	
8	张远	88	84	90	87	82	
9	赵敬峰	80	72	84	76	75	
10	周平	80	85	82	76	86	
11							
12							

图 12-26 自定义排序后的工作表

（2）将总成绩按升序排序。

（3）求学生各科目的平均成绩。

项目十三
工作表打印设置

通常在打印工作表之前，还需要对工作表进行一些设置，如页面的大小、打印方向以及打印的数据等。本项目主要介绍打印工作表前对其进行打印设置的操作方法。

任务 13.1　打印页面的基本设置

1. 了解打印页面各项打印参数的含义。
2. 掌握工作表打印页面的基本设置以及打印中的一些技巧性操作。

本任务以对图 13–1 所示的"学生信息登记表"进行打印参数的设置（如设置页边距、页面大小、方向、打印区域、打印标题等）为例，来学习打印页面的基本设置方法。

	A	B	C	D	E	F
1	学号	姓名	籍贯	出生年月	联系电话	
2	1	李秀丽	河北	2002年10月	13211002222	
3	2	李鑫	北京	2002年1月	13277654091	
4	3	王芳	山东	2003年2月	13211982211	
5	4	潇潇	北京	2002年3月	13322890087	
6	5	付梅	山西	2002年2月	13688904213	
7						

图 13-1　学生信息登记表

相关知识

打印页面的基本设置包括对页边距、页面大小和方向、打印区域、分页符、打印标题、背景等的设置。

打印区域是指选定一部分区域（而不是整个工作表），只对选定的这部分区域进行打印。

分页符设置是指用户可以选择分页的位置，从而使工作表根据需要分页打印。

打印标题是指当需要分页打印工作表时，工作表的表头标题可以在各页显示，而不是只在第一页显示，这样便于用户观察工作表。

实践操作

1. 页边距、页面大小以及方向的设置

单击"页面布局"选项卡下"页面设置"组中的"页边距"按钮，打开图 13-2 所示的下拉菜单，在此下拉菜单中可以预设"常规""宽""窄"3 种既定的页边距方案。

在该下拉菜单中选择"自定义页边距"选项，打开"页面设置"对话框的"页边距"选项卡，在此可以设置自定义的页边距。设置页边距上、下、左、右的值均为"2"、页眉和页脚的值均为"1"，如图 13-3 所示，单击"确定"按钮完成设置。

提示

单击图 13-3 所示"页面设置"对话框中的"打印预览"按钮，弹出"打印预览"窗口，单击该窗口右下角的"显示边距"按钮，这时可以利用鼠标拖动边距线的方式来对页边距进行设置。

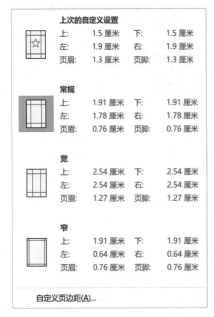

图 13-2 "页边距"下拉菜单

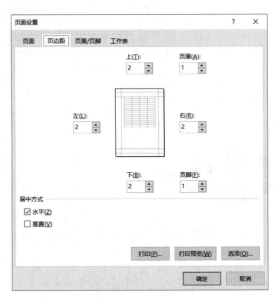

图 13-3 设置页边距

打印时，用户往往根据要求或者与提供的打印纸相符合来设置页面的大小，也就是纸张的大小。单击"页面布局"选项卡下"页面设置"组中的"纸张大小"按钮，打开图 13-4 所示的下拉菜单，在此选择所需的纸张大小为 A4。如果需要其他格式的页面大小，也可以选择"其他纸张大小"选项，在其对话框中进行设置即可。

根据要求，还可以对打印的页面方向进行设置。同样单击"页面布局"选项卡下"页面设置"组中的"纸张方向"按钮，出现"横向"和"纵向"两个选项，根据需要选择即可，这里选择"纵向"选项。

2. 打印区域的设置

如果不需要打印整个工作表，可以通过此项设置来完成。对于图 13-1，如果用户只需要打印 A1:E5 区域，则选定 A1:E5 区域，单击"页面布局"选项卡下"页面设置"组中的"打印区域"按钮，在其下拉菜单中选择"设置打印区域"选项，可以看到此区域周围

图 13-4 "纸张大小"下拉菜单

出现了虚线框，如图 13-5 所示，即完成了打印区域的设置。如果要删除打印区域，则在"打印区域"下拉菜单中选择"取消打印区域"选项。

	A	B	C	D	E
1	学号	姓名	籍贯	出生年月	联系电话
2	1	李秀丽	河北	2002年10月	13211002222
3	2	李鑫	北京	2002年1月	13277654091
4	3	王芳	山东	2003年2月	13211982211
5	4	潇潇	北京	2002年3月	13322890087
6	5	付梅	山西	2002年2月	13688904213
7					

图 13-5　设置打印区域的工作表

3. 打印标题的设置

当工作表需要打印多页时，往往需要在每页都打印表头的标题。单击"页面布局"选项卡下"页面设置"组中的"打印标题"按钮，打开"页面设置"对话框。在"工作表"选项卡中单击"打印标题"选项组"顶端标题行"右侧的"折叠"按钮，选择打印标题所在的第一行，如图 13-6 所示。

图 13-6　选择"打印标题"所在的第一行

单击"关闭"按钮后，回到"页面设置"对话框，如图 13-7 所示，单击"确定"按钮即可。

图 13-7　"打印标题"设置完成后的对话框

4. 打印预览

用户可以通过打印预览来观察打印的效果。单击"文件"菜单，选择"打印"选项，窗口右侧即为打印预览区域，如图 13-8 所示。

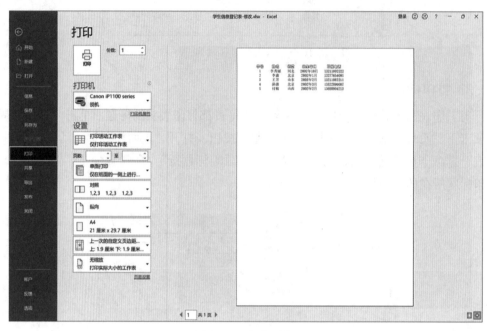

图 13-8　打印预览

（1）创建一个"个人通讯录"工作表，如图 13-9 所示，将打印参数设置为纸张 B5，"横向"打印，选择"宽"页边距。

姓名	手机	固定电话	e-mail	家庭地址
王立	13057644238	010-65897233	wangli@163.com	北京海淀
王建平	13573796253	010-86932541	wangjianping@sohu.com	北京海淀
张扬	13057263584	010-88365737	zhangyang@163.com	北京海淀

图 13-9　"个人通讯录"工作表

（2）在上表的第 3 行之上插入分页符，并且在两页中分别打印标题。

任务 13.2　打印页面的特殊设置和打印输出设置

学习目标

1. 熟悉打印页面的特殊设置。
2. 掌握各项特殊打印设置的含义和具体操作方法。
3. 掌握打印输出设置各项操作的含义和具体操作方法。

任务描述

本任务学习为图 13-1 所示的工作表添加页眉和页脚，如图 13-10 所示，并对工作表进行打印注释、行列标号等设置。

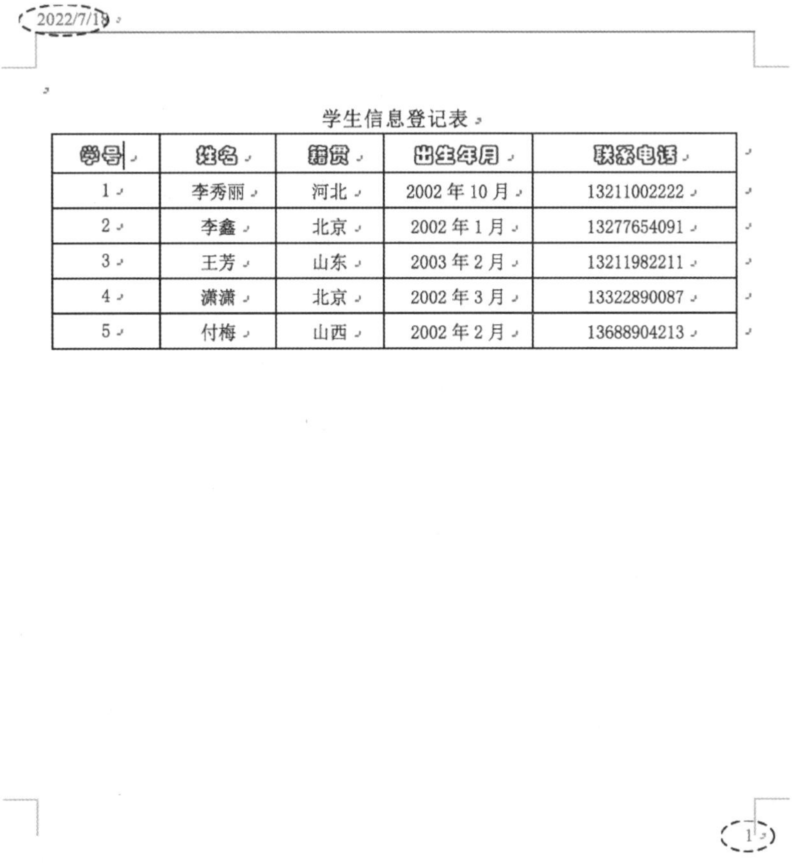

学生信息登记表

学号	姓名	籍贯	出生年月	联系电话
1	李秀丽	河北	2002 年 10 月	13211002222
2	李鑫	北京	2002 年 1 月	13277654091
3	王芳	山东	2003 年 2 月	13211982211
4	潇潇	北京	2002 年 3 月	13322890087
5	付梅	山西	2002 年 2 月	13688904213

图 13-10　页眉和页脚设置完成后的打印预览图

相关知识

页面的特殊设置是指在基本设置的基础上，对工作表的打印进行更加详细的设置，这些操作可以在"页面设置"对话框中完成，主要包括页眉和页脚的设置、页面的设置、工作表的设置等。

打印输出设置是指对打印参数进行最后的设置，即完成打印操作。

实践操作

1. 页眉和页脚的设置

单击"页面布局"选项卡下"页面设置"组右下角的按钮，打开"页面设置"对话框，选择"页眉/页脚"选项卡，如图 13-11 所示。

对于页眉的设置，可以在"页眉"下拉列表中选择格式，也可以自定义页眉格式。单击"自定义页眉"按钮，弹出"页眉"对话框。

用户可以对页眉的左、中、右 3 个区域分别进行设置，而且可以利用图标选项进行快速插入。各个图标的含义如下：Ａ：格式文本；⬚：插入页码；⬚：插入页数；⬚：插入日期；⬚：插入时间；⬚：插入文件路径；⬚：插入文件名；⬚：插入数据表名称；⬚：插入图片；⬚：设置图片格式。

图 13-11 "页眉/页脚"选项卡

本任务把"左部"设置为日期"⬚"；"中部"设置为文件名"⬚"；"右部"不设置，单击"确定"按钮，如图 13-12 所示。

设置页脚与设置页眉的操作一致。单击"自定义页脚"按钮，在"页脚"对话框中把"右部"设置为页码"⬚"，单击"确定"按钮即可，如图 13-13 所示。

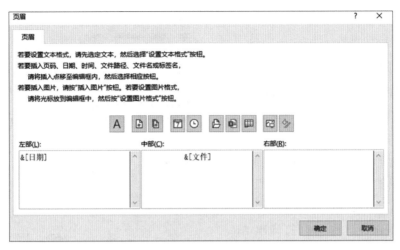

图 13-12　设置页眉

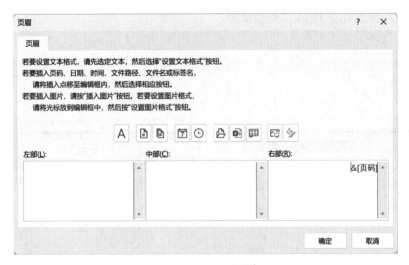

图 13-13　设置页脚

在图 13-11 所示的"页面设置"对话框中，可以通过选中"奇偶页不同""首页不同"复选框，来设置不同的页眉和页脚。

2．页面的设置

打开"页面设置"对话框，选择"页面"选项卡。在此选项卡中，除了可以进行页面方向以及纸张大小的设置外，还可以进行缩放打印的设置，如图 13-14 所示。

所谓缩放打印就是缩小或放大打印的比例，尤其适用于 Excel 默认打印成两页，而用户需在一页内打印工作表的情况。在"缩放比例"微调框中选择比例值，或者在"调整为"微调框中选择页宽或页高即可。

3. 工作表的设置

在"页面设置"对话框中选择"工作表"选项卡。在此选项卡中，除了可以进行打印区域、打印标题的设置外，还可以进行其他特殊的打印设置。

图 13-14 "页面"选项卡

选中"单色打印"复选框，则工作表以黑白的形式打印，不打印设置背景的颜色和图案；选中"草稿质量"复选框，则不打印图形和边框；选中"行和列标题"复选框，则可以打印出 Excel 中的行列标号。

打开"错误单元格打印为"下拉列表，如图 13-15 所示，可以设置错误单元格的打印选项。

打开"注释"下拉列表，如图 13-16 所示，选择"工作表末尾"选项，可以打印出设置的注释。

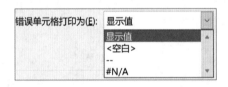

图 13-15 错误单元格打印设置

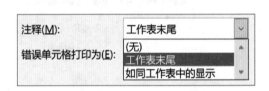

图 13-16 批注打印设置

提示

通常用户并不选择"注释"下拉列表中的"如同工作表中的显示"选项，因为这样打印出的效果会影响工作表中的数据显示。

另外，用户还可以对打印的顺序进行设置，如"先列后行"或"先行后列"。

4. 不打印零值的设置

打印时，如果用户不想让单元格内的"0"值打印出来，可以单击"文件"菜单，选择"选项"，在弹出的"Excel 选项"对话框中选择"高级"选项卡，在"此工作表的显示选项"选项组中取消选中"在具有零值的单元格中显示零"复选框，如图 13-17 所示，单击"确定"按钮即可。

5. 打印公式的设置

在图 13-17 中选中"在单元格中显示公式而非其计算结果"复选框，单击"确定"按钮，则可以设置为打印公式。

6. 打印输出的设置

在完成了以上设置后，用户还可以进行打印输出的设置，从而完成打印工作。单击"文件"菜单，选择"打印"选项，出现打印详情

图 13-17　不打印零值的设置

页面。在"打印机"下拉列表中可以看到所选的打印机，在"页数"中可以输入某些打印页数，在"设置"中可以根据需要选择"打印选定区域""打印活动工作表"或者"打印整个工作簿"。本任务选择"打印活动工作表"，并在"份数"中选择"2"份。

设置完成后，单击"打印"按钮，打印机即按用户所设置的形式来打印工作表。

提示

如果不需要对工作表进行上述所有设置，则可以单击"文件"菜单，选择"打印"选项，单击"打印"按钮直接打印工作表。

7. 不同工作簿中多个工作表的打印

打开多个工作簿，单击要打印的第一个工作表，按住 Ctrl 键，然后单击其他工作簿中的工作表标签。单击"文件"菜单，选择"打印"选项，在"设置"中选择"打印活动工作表"选项，单击"打印"按钮，即可打印不同工作簿中的多个工作表。

（1）对任务 13.1 巩固练习中的"个人通讯录"工作表进行"打印注释""不打印错误单元格""草稿打印"3 项打印设置。

（2）将上表打印 3 份，并且忽略任务 13.1 巩固练习中设置的分页。

第三篇

PowerPoint 2021

项目十四
PowerPoint 2021 的基本操作

PowerPoint 2021 是微软公司 Microsoft Office 2021 系列软件中的重要组成部分，使用 PowerPoint 2021 可以制作出集文字、图形、图像、声音以及视频等多媒体元素为一体的演示文稿，让信息以更轻松、更高效的方式表达出来。

本项目主要介绍一些 PowerPoint 2021 最基础的知识，为以后各项目的学习做好铺垫。

任务 14.1　认识 PowerPoint 2021

1. 熟悉 PowerPoint 2021 的操作界面。
2. 掌握 PowerPoint 2021 的启动、关闭及文件保存等基本操作。

本任务学习 PowerPoint 2021 的启动、文件保存和退出等操作方法。

在使用 PowerPoint 2021 制作演示文稿时，通常会有 PowerPoint 2021 的启动、关闭及文件保存等操作，这些均是 PowerPoint 2021 的基础操作，用户应熟练掌握。

启动 PowerPoint 2021 之后，通常会打开一个普通视图界面，用户可以在其中创建幻灯片，输入、编辑和修饰文字，管理幻灯片等。

（1）启动 PowerPoint 2021。安装完 PowerPoint 2021 后，该软件会被自动加入"开始"菜单的"所有程序"列表中。用户可以通过单击桌面左下角的"开始"按钮，选择"所有程序"｜"PowerPoint"选项来启动 PowerPoint 2021，在启动的欢迎界面中单击"空白演示文稿"打开 PowerPoint 2021，操作界面如图 14-1 所示。

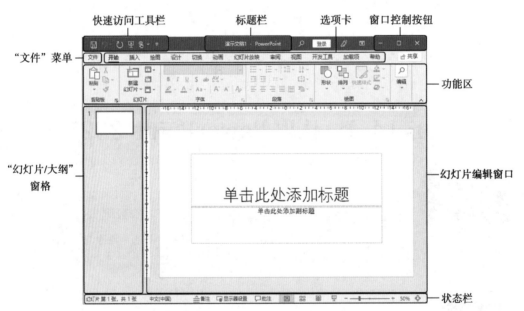

图 14-1　PowerPoint 2021 的操作界面

提示

安装完 PowerPoint 2021 后，一般桌面上会添加一个 PowerPoint 2021 快捷方式图标，双击此快捷方式图标也可以启动 PowerPoint 2021。

（2）认识 PowerPoint 2021 的操作界面。相比早期版本的 PowerPoint，PowerPoint 2021 有了一个全新的外观，其操作界面用一种简单而又显而易见的形式替代了早期版本中的菜单栏、工具栏及大部分任务窗格，如图 14-1 所示。这种新界面可以帮助用户非常方便地完成各种任务，提高工作效率。

（3）保存演示文稿。单击快速访问工具栏中的"保存"按钮，文件第一次保存时会弹出"另存为"对话框，在"文件名"文本框中输入要保存的 PowerPoint 文档名，如"我的演示文稿"，然后单击"保存"按钮即可。对于已经保存过的文件，单击快速访问工具栏中的"保存"按钮便可以直接保存。PowerPoint 2021 默认保存的文件格式后缀为 .pptx。

（4）退出 PowerPoint 2021。PowerPoint 2021 操作界面的右上角窗口控制按钮中依次有"最小化"按钮、"最大化/向下还原"按钮、"关闭"按钮，单击"关闭"按钮即可关闭演示文稿并退出 PowerPoint 2021，如图 14-2 所示。

图 14-2　单击"关闭"按钮

提示

用户还可以双击窗口左上角的控制菜单按钮，关闭演示文稿并退出 PowerPoint 2021。

巩固练习

打开 PowerPoint 2021，创建空白文稿，保存并退出 PowerPoint 2021。

任务 14.2　制作简单的文档幻灯片

1. 掌握制作幻灯片的基本操作方法。
2. 掌握输入文本的基本操作方法。
3. 掌握文本的编辑方法。
4. 熟悉文本格式的设置方法。

在演示文稿中，文字是最基本的组成部分，学习使用 PowerPoint 2021 制作幻灯片将从学习 PowerPoint 2021 的文本输入和编辑开始。在学习完 PowerPoint 2021 的基本操作后，本任务通过制作一个简单的文本幻灯片来学习 PowerPoint 2021 的文本输入和编辑操作方法。

制作文档幻灯片（PPT）的目标是为演讲者的演讲作辅助，为听者服务，所以在制作时，要根据演讲的场合、面向的听众等具体情况，制作合适的 PPT，切忌以自我为中心。

要使 PPT 具有说服力，首先要注意的是 PPT 的逻辑，PPT 的逻辑应简明、清晰，一般常用"并列"或"递进"两类逻辑关系，可通过不同层次"标题"的分层，标明整个 PPT 的逻辑关系；其次要注意 PPT 的风格，一般应简洁明快，使用尽量少的文字、合适的图片、适量的图表与简洁的数字，幻灯片背景切忌乱用图片，可用空白或者较淡的底色，以凸显其上下图文，颜色使用上要注意协调、美观；另外还要注意布局，要使 PPT 结构化，单页幻灯片布局要有空余空间，要有均衡感，要使 PPT 的标题页、正文、结束页 3 类幻灯片结构化，体现逻辑性。制作完 PPT 后，可切换到浏览视图，整体观看有没有比较突兀或不协调的地方。

1．输入文本

（1）新打开的演示文稿如图 14-3 所示。按照演示文稿中的提示，单击其中的文本框，可看见光标闪动，此时即可输入文本，在标题中输入"华为"，在副标题中输入"公司简介"。

图 14-3 新打开的演示文稿

（2）单击"开始"选项卡下"幻灯片"组中的"新建幻灯片"右下侧的下拉箭头，在下拉菜单中选择"标题和内容"，添加一页空白幻灯片，如图 14-4 所示。

（3）在标题中输入"华为介绍"，在内容文本框中输入华为公司的相关信息，如图 14-5 所示。

 提示

在 PowerPoint 2021 中对文本进行剪切、复制、粘贴、查找与替换操作的方法与 Word 2021 中的操作相似，不再赘述。

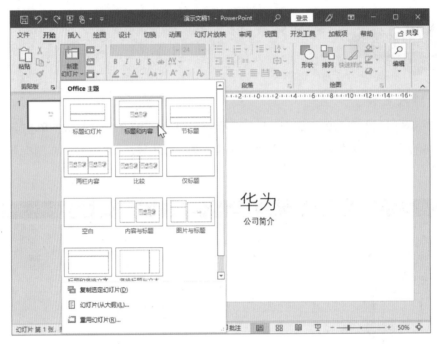

图 14-4　添加一页空白幻灯片

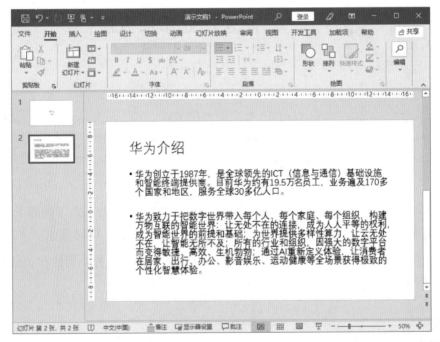

图 14-5　添加文本

2. 选择合适的主题

为了使制作的 PPT 更为美观，需要选择一个合适的主题。选择"设计"选项卡，在图 14-6 所示的主题列表中选择合适的主题，效果如图 14-7 所示。

图 14-6　主题列表

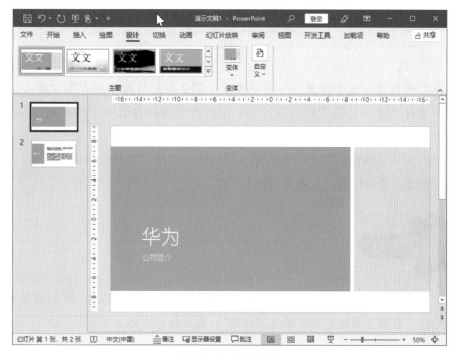

图 14-7　主题效果

3．进行简单的文本格式设置

（1）字体设置。选中要改变字体的文字（第 2 页幻灯片中的全部文字），在"开始"选项卡下"字体"组中的"字体"下拉列表中选择合适的字体即可，此处选择"黑体"，如图 14-8 所示。

图 14-8　设置字体

（2）字号设置。选中要改变字号的文字（第 2 页幻灯片中的全部文字），在"开始"选项卡下"字体"组中的"字号"下拉列表中选择合适的字号即可，此处选择"24"。

（3）添加一页新的幻灯片，并将第 3 页幻灯片中的文字改变字体、字号，再拖动调整文字位置，最终得到一个简单的演示文稿，如图 14-9 所示。

打开 PowerPoint 2021，在空白文稿中新建两页幻灯片，在第 1 页幻灯片中输入"演讲题目"，在第 2 页幻灯片中输入"谢谢"，最后保存文档。

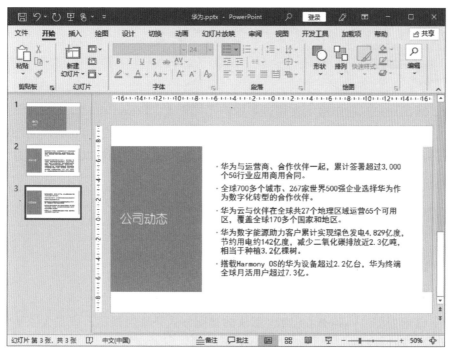

图 14-9　添加一页新的幻灯片

任务 14.3　选择 PowerPoint 2021 的视图方式

掌握选择 PowerPoint 2021 视图方式的操作方法。

本任务通过浏览上一个任务制作的 PPT 页面来学习选择 PowerPoint 2021 的视图方式。

为了满足用户在制作演示文稿过程中的不同需要，PowerPoint 2021 的视图方式有很多种，其中常见的视图方式有普通视图和幻灯片浏览视图。在 PowerPoint 2021 中，每种视图都有自己的特点，根据需要在各种视图之间进行切换可以使用户更方便、快速地制作幻灯片。

下面以任务 14.2 中所制作的 PPT 为例来了解各视图方式。

（1）普通视图。PowerPoint 2021 默认的视图方式是普通视图，就是大家平常编辑和制作幻灯片时看到的形式，如图 14-10 所示。

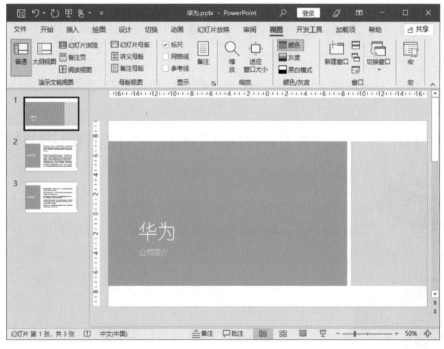

图 14-10　普通视图

（2）幻灯片浏览视图。单击"视图"选项卡下"演示文稿视图"组中的"幻灯片浏览"按钮，即可看见幻灯片浏览视图，幻灯片将以平铺的形式展现出来，如图 14-11 所示。

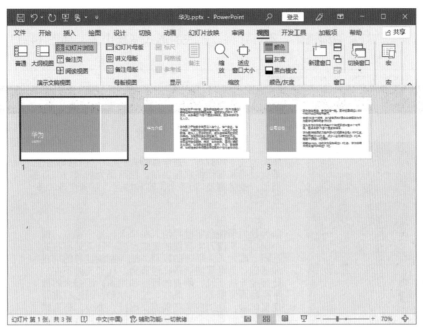

图 14-11 幻灯片浏览视图

（3）备注页视图。单击"视图"选项卡下"演示文稿视图"组中的"备注页"按钮，即可看见幻灯片备注页视图。在备注页视图中，幻灯片下方带有备注页文本框，在其中可以为幻灯片添加备注，如图 14-12 所示。

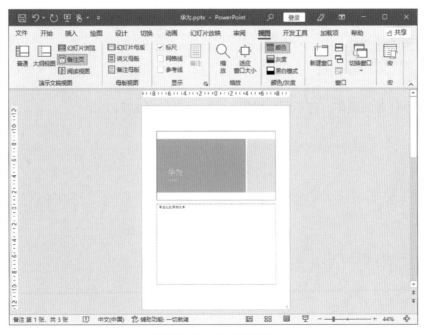

图 14-12 备注页视图

（4）阅读视图。单击"视图"选项卡下"演示文稿视图"组中的"阅读视图"按钮，即可看见幻灯片阅读视图，幻灯片将以放映的形式展现出来，如图 14-13 所示。

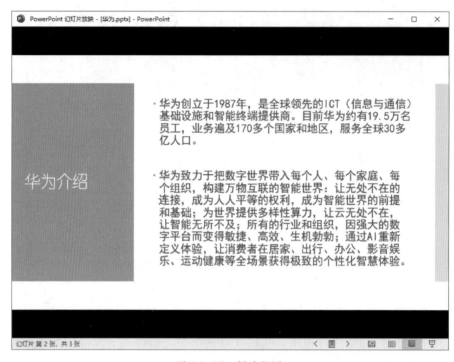

图 14-13　阅读视图

重复本任务的操作，在不同的视图下浏览自己做好的 PPT。

项目十五
演示文稿段落的编排

任务 15.1　设置文本格式和段落格式

1. 掌握文本格式的设置方法。
2. 掌握段落格式的设置方法。

本任务将学习文本格式和段落格式的设置方法。

在 PowerPoint 2021 中，段落是带有一个回车符的文本。用户可以改变段落的对齐方式，设置段落缩进，调整段间距和行间距等。

1. 应用主题

（1）打开演示文稿"工人专家——李斌 .pptx"，如图 15-1 所示。

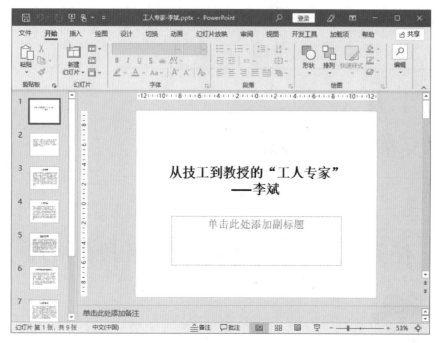

图 15-1　打开的演示文稿

（2）选择"设计"选项卡，单击"主题"组的下拉箭头，弹出主题下拉菜单，如图 15-2 所示，在菜单中选择一种合适的主题，效果如图 15-3 所示。

图 15-2　主题下拉菜单

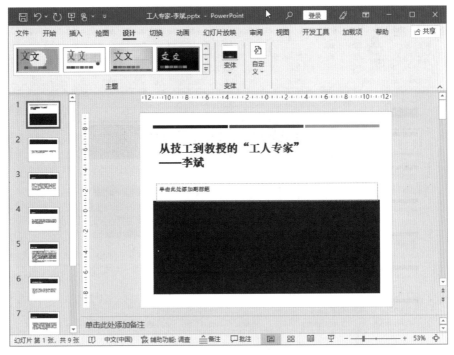

图 15-3 添加主题效果

2. 设置字体格式

字体格式功能区如图 15-4 所示。

（1）设置字体。选中要改变字体的文本（第 2 页幻灯片的文本），单击"字体"右侧的下拉箭头，在下拉列表中选择"楷体"，将正文字体改为楷体，如图 15-5 所示。

图 15-4 字体格式功能区

（2）改变字号。选中要改变字号的文本，单击"字号"右侧的下拉箭头，在下拉列表中选择"32"。

 提示

用户还可以选中需要改变字号的文本，单击"增大字号"按钮 A˄ 或"减小字号"按钮 A˅ 来改变字号。

（3）设置字体颜色。选中需要改变颜色的文本，单击"字体颜色"右侧的下拉箭头，弹出"颜色"下拉菜单，如图 15-6 所示，选择合适的颜色即可，效果如图 15-7 所示。

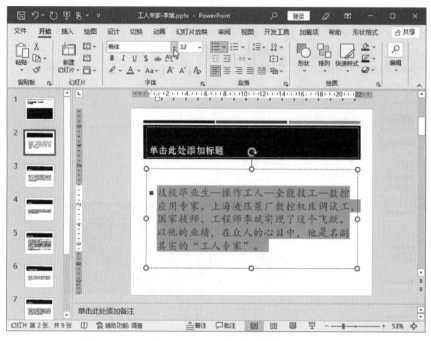

图 15-5　设置字体为楷体

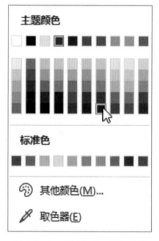

图 15-6　"颜色"下拉菜单

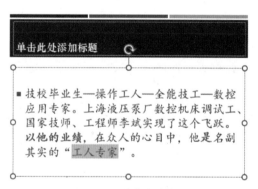

图 15-7　改变字体颜色

（4）设置字符间距。选中需要调整字符间距的文本（第 3 页幻灯片的文本），单击"字符间距"按钮 AV，弹出图 15-8 所示的下拉菜单，在其中选择合适的选项即可。也可以选择"其他间距"选项，在弹出的图 15-9 所示的"字体"对话框中设置字符间距。

（5）改变大小写（针对拼音和英文）。选中文本

图 15-8　"字符间距"下拉菜单

（幻灯片最后一页的文本），单击"大小写"按钮，在下拉菜单中选择合适的格式即可，如图 15-10 所示。

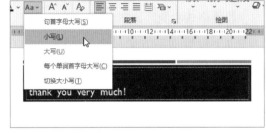

图 15-9　"字体"对话框　　　　　　　　　　　图 15-10　设置字体大小写

（6）字体加粗。选中文本（第 3 页幻灯片的文本），单击"加粗"按钮 B 即可，效果如图 15-11 所示。若要取消加粗效果，再一次单击"加粗"按钮 B 即可。

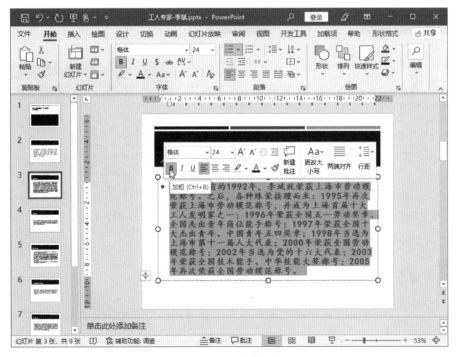

图 15-11　字体加粗

提示

　　下画线、删除线、清除所有格式的运用与加粗类似，读者可以自行尝试操作。

3. 设置段落格式

段落格式功能区如图 15-12 所示。

（1）设置文字方向。选中文本（幻灯片第 4 页的文本），单击"文字方向"按钮 ，在下拉菜单中选择合适的文字方向即可，如图 15-13 所示。更改文字方向后的效果如图 15-14 所示。

图 15-12　段落格式功能区

图 15-13　选择"文字方向"下拉菜单中的选项

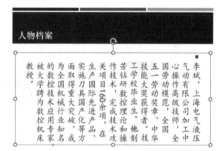

图 15-14　更改文字方向后的效果

提示

　　竖排的文字格式更加适用于古诗词、文言文等文章的版式。

（2）文本水平方向对齐。选中文本（幻灯片第 5 页的第一段），单击段落格式功能区的对齐方式按钮，此处单击"居中对齐"按钮 ，效果如图 15-15 所示。

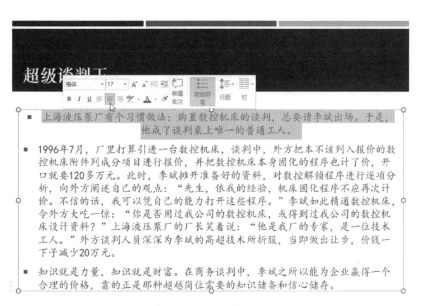

图 15-15　居中对齐

（3）文本竖直方向对齐（文本框中的文本上下对齐）。选中文本，单击"段落"组中的"对齐文本"按钮，在下拉菜单中选择合适的对齐方式即可，如图 15-16 所示。

（4）段落对齐。选中需要对齐的段落，单击"段落"组右下角的按钮⇲，弹出图 15-17 所示的"段落"对话框，在其中可以设置段落的对齐方式。

（5）分栏。选中文本（幻灯片第 5 页的文本），单击"段落"组中的"分栏"按钮⬚，在下拉菜单中选择合适的分栏方式即可，如图 15-18 所示。此处选择"两栏"选项，效果如图 15-19 所示。

图 15-16　"对齐文本"
下拉菜单

图 15-17　"段落"对话框

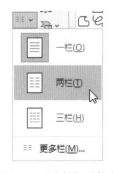

图 15-18　"分栏"下拉菜单

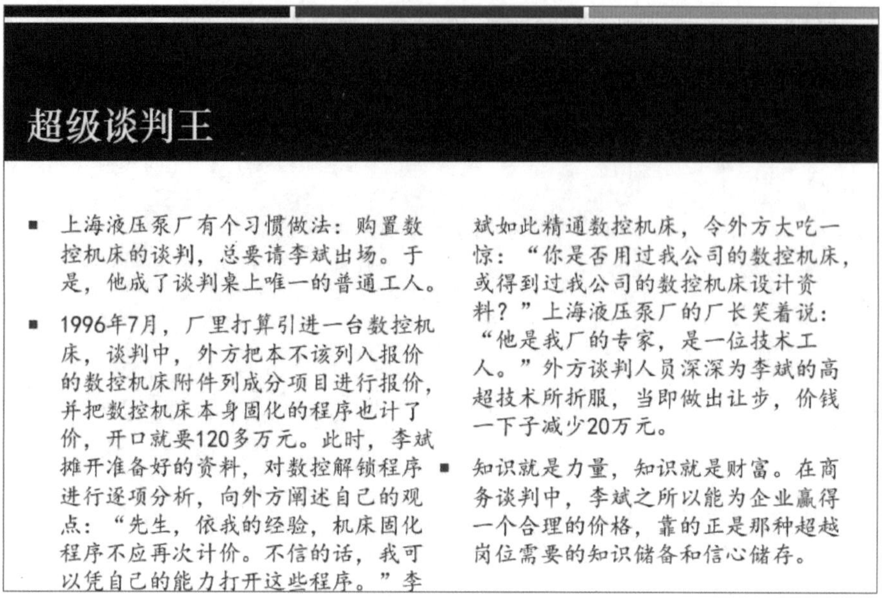

超级谈判王

- 上海液压泵厂有个习惯做法：购置数控机床的谈判，总要请李斌出场。于是，他成了谈判桌上唯一的普通工人。
- 1996年7月，厂里打算引进一台数控机床，谈判中，外方把本不该列入报价的数控机床附件列成分项目进行报价，并把数控机床本身固化的程序也计了价，开口就要120多万元。此时，李斌摊开准备好的资料，对数控解锁程序进行逐项分析，向外方阐述自己的观点："先生，依我的经验，机床固化程序不应再次计价。不信的话，我可以凭自己的能力打开这些程序。"李

斌如此精通数控机床，令外方大吃一惊："你是否用过我公司的数控机床，或得到过我公司的数控机床设计资料？"上海液压泵厂的厂长笑着说："他是我厂的专家，是一位技术工人。"外方谈判人员深深为李斌的高超技术所折服，当即做出让步，价钱一下子减少20万元。

知识就是力量，知识就是财富。在商务谈判中，李斌之所以能为企业赢得一个合理的价格，靠的正是那种超越岗位需要的知识储备和信心储存。

图 15-19　两栏效果

巩固练习

　　在已制作的演示文稿中插入一页新的幻灯片，在该幻灯片中输入两段文本，设置文本的字体为"仿宋"、字号为"36"、段落的对齐方式为"两端对齐"，然后将文本分为两栏。

任务 15.2　设置项目符号和编号

学习目标

掌握 PowerPoint 2021 项目符号和编号的使用方法。

本任务通过对演示文稿"工人专家——李斌.pptx"页面中的并列项插入项目符号和编号，来学习项目符号和编号的使用方法。

在编辑条理性较强的演示文稿时，通常需要插入一些项目符号和编号，以使文档结构清晰、层次分明。项目符号所强调的是并列的多个项。为了强调多个层次的列表项，经常使用的还有多级符号。

多级符号列表是为列表或文档设置层次结构而创建的列表。

（1）设置项目符号（在内容文本框中一般已有项目符号，此处是改变项目符号）。选中要改变项目符号的段落（第8页幻灯片的文本），单击"开始"选项卡下"段落"组中"项目符号"按钮右侧的下拉箭头，在下拉菜单中选择一个合适的项目符号类型即可（见图15-20）。选择"项目符号和编号"选项，弹出"项目符号和编号"对话框，如图15-21所示，从中可以设置项目符号的大小和颜色等，效果如图15-22所示。

图15-20　"项目符号"下拉菜单

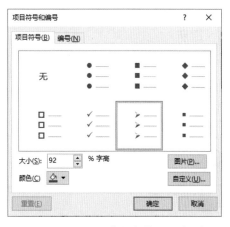

图15-21　"项目符号和编号"对话框

（2）设置编号。选中要添加编号的段落，单击"开始"选项卡下"段落"组中
"编号"按钮右侧的下拉箭头，在下拉菜单中选择一个合适的编号（见图 15-23），效果
如图 15-24 所示。

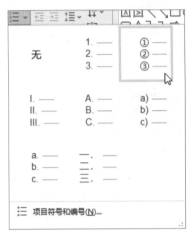

图 15-22　更改项目符号后的效果　　　　　　图 15-23　"编号"下拉菜单

图 15-24　编号效果

提示

用户也可以设置列表级别。选中文本，单击段落格式功能区的
"提高列表级别"按钮或"降低列表级别"按钮即可。

巩固练习

在本任务两段文字的前面添加自己喜欢的项目符号。

项目十六
对象的插入

在幻灯片中插入漂亮的图片、表格和图表等对象，会使演示文稿更加生动有趣和富有吸引力。本项目将介绍向幻灯片中插入各种对象并进行编辑处理的方法。

任务 16.1　插入图片并进行处理

1. 掌握插入图片的操作方法。
2. 掌握 PowerPoint 2021 中图片处理的操作方法。

本任务通过制作一个介绍公司情况的幻灯片来学习 PowerPoint 2021 中与图形、图片相关的操作知识。

在日常工作中，经常需要给客户介绍公司的相关情况，这时 PowerPoint 演示文稿就能发挥其重要作用。在使用 PowerPoint 制作介绍公司情况的幻灯片时，合理地使用图形和图片，能够更直观、形象地表达和描述一些情况。

（1）新建演示文稿。使用模板新建一个演示文稿，输入文本并进行相关的字体格式设置和段落格式设置。此部分内容已经在前面介绍过，本任务不再予以介绍。本任务可以直接打开已准备好的"公司背景（原稿）"演示文稿，如图 16-1 所示。

图 16-1　打开的原始文稿

（2）插入图片。选择演示文稿的第 4 页，单击"插入"选项卡下"图像"组中的"图片"按钮，在弹出的"插入图片来自"菜单中选择"此设备"，再在弹出的"插入图片"对话框中选择文件名为"背景"的图片，如图 16-2 所示。

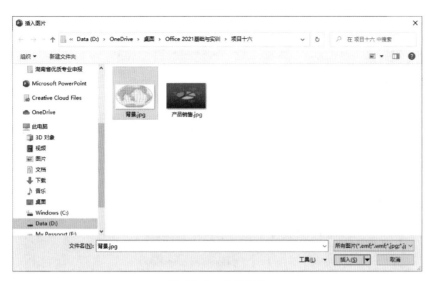

图 16-2　选择图片

单击"插入"按钮，插入图片后的效果如图 16-3 所示。

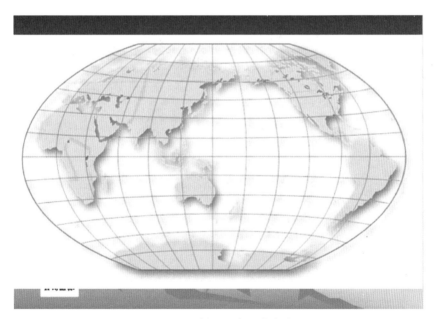

图 16-3　插入图片后的效果

（3）调整图片颜色。插入图片后，由于图片与背景色彩形成强烈反差，不美观，因此需要进行调整。可以选中图片，单击"图片格式"选项卡下"调整"组中的"颜色"按钮，在弹出的下拉菜单中选择"设置透明色"选项，如图 16-4 所示，在图片白色背景区域单击鼠标，完成后的效果如图 16-5 所示。图片调整时还可以选择其他选项，如"图片样式"选项等，基本操作都类似，用户可以自己尝试。

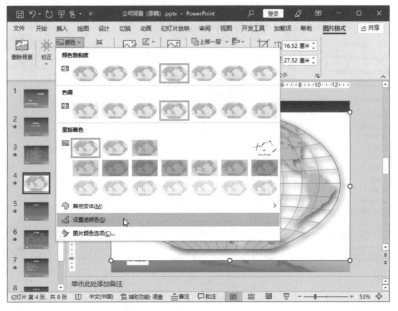

图 16-4　选择"设置透明色"选项

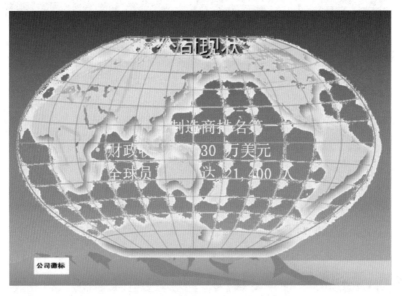

图 16-5　设置透明色后的效果

（4）调整图片的大小和位置。由于插入的图片是以原始尺寸出现的，所以并不一定适合 PPT 的排版要求。选中图片后单击鼠标右键，在弹出的快捷菜单中选择"大小和位置"选项，打开"设置图片格式"窗格，里面含有"大小"和"位置"选项，这时就可以根据具体情况来调整图片，如图 16-6 所示。

（5）调整图片亮度和对比度。选中图片后单击鼠标右键，在弹出的快捷菜单中选择

"设置图片格式"选项，打开"设置图片格式"窗格，选择"图片校正"选项，就会出现"亮度"和"对比度"修改框，如图 16-7 所示。可以进行适当调节，以达到预期的效果。

图 16-6　大小与位置　　　　　图 16-7　图片校正

（6）压缩图片。有时由于图片过大，会导致文件处理速度慢，且整个文件过于冗长。此时可以单击"图片格式"选项卡下"调整"组中的"压缩图片"按钮，对图片进行压缩。最后将演示文稿另存为"公司背景 .pptx"。

在本任务的 PPT 演示文稿中插入一页新的幻灯片，然后在这页幻灯片中插入外部图片（用户可根据需要进行选择），并进行相应的设置，使其符合用户的需求。

任务 16.2　插入表格并进行编辑操作

学习目标

1. 掌握插入表格的方法。
2. 掌握表格的编辑方法。

任务描述

本任务以在幻灯片中插入图 16-8 所示的表格为例来学习在 PowerPoint 2021 中插入表格的操作方法。

项目名称	合同编号	合同总额	累计已付款	预计本期工程付款	预计本期支付金额			备注
					上旬	中旬	下旬	
车间	2-1	8 653	2 544	4 314	1 252	1 021	1 345	
办公楼	2-2	9 124	2 424	5 454	1 237	2 154	2 612	
研发室	2-3	8 123	1 163	5 678	1 352	1 140	1 054	
外务部	2-4	8 987	6 741	3 457	1 623	1 654	2 541	
审核					制表			

图 16-8　将要插入的表格

相关知识

表格具有条理清晰、对比强烈等特点，日常工作尤其是涉及财务的工作经常会用到表格，幻灯片中也会利用表格来表现数据信息。

实践操作

（1）新建一页空白幻灯片，在标题栏中输入相应的内容，如图 16-9 所示。

图 16-9 新建一页空白幻灯片

（2）插入表格。单击"插入"选项卡下"表格"组中的"表格"按钮，在弹出的下拉菜单中有 4 种新建表格的方法。这里通过鼠标拖动单元格确定表格行列的数目，如图 16-10 所示。

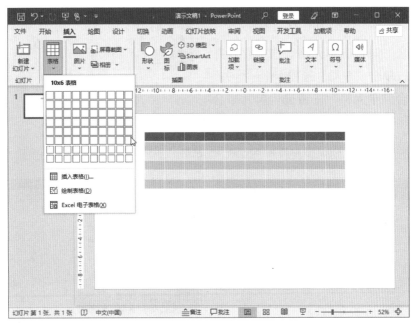

图 16-10 插入表格

提示

另一种插入表格的方法是：单击"插入"选项卡下"表格"组中的"表格"按钮，在弹出的下拉菜单中选择"插入表格"选项，在弹出的"插入表格"对话框中输入要建立的表格的行数和列数。

（3）设置表格样式。选中表格，在"表设计"选项卡下"表格样式选项"组中进行图 16-11 所示的设置，效果如图 16-12 所示。

图 16-11 表格样式设置

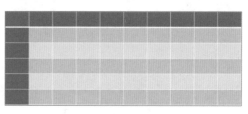

图 16-12 设置了样式的表格

（4）设置表格大小。选中表格，在"布局"选项卡下"表格尺寸"组中修改高度和宽度来改变表格的大小，也可以用鼠标拖动的方式来改变表格的大小，直到满足整体布局为止，效果如图 16-13 所示。

（5）合并与拆分单元格。选中要合并的单元格，单击"布局"选项卡下"合并"组中的"合并单元格"按钮进行单元格合

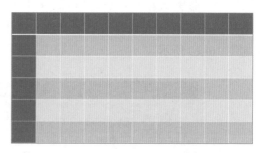

图 16-13 修改表格大小后的效果

并，然后选择"拆分单元格"按钮进行拆分操作，效果如图 16-14 所示。

（6）继续进行单元格的合并，效果如图 16-15 所示。

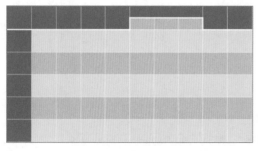

图 16-14 合并与拆分单元格

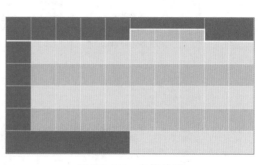

图 16-15 表格效果

（7）在表格中输入相应的数据内容，如图16-16所示。

项目名称	合同编号	合同总额	累计已付款	预计本期工程付款	预计本期支付金额			备注
					上旬	中旬	下旬	
车间	2-1	8653	2544	4314	1252	1021	1345	
办公楼	2-2	9124	2424	5454	1237	2154	2612	
研发室	2-3	8123	1163	5678	1352	1140	1054	
外务部	2-4	8987	6741	3457	1623	1654	2541	
审核					制表			

图16-16 输入表格数据

（8）选中表格中的所有数据，单击"布局"选项卡下"对齐方式"组中的"垂直居中"按钮，如图16-17所示，使文本垂直居中；再单击"对齐方式"组中的"居中"按钮，使文本水平居中，效果如图16-18所示。

项目名称	合同编号	合同总额	累计已付款	预计本期工程付款	预计本期支付金额			备注
					上旬	中旬	下旬	
车间	2-1	8653	2544	4314	1252	1021	1345	
办公楼	2-2	9124	2424	5454	1237	2154	2612	
研发室	2-3	8123	1163	5678	1352	1140	1054	
外务部	2-4	8987	6741	3457	1623	1654	2541	
审核					制表			

图16-17 单击"垂直居中"按钮   图16-18 修改文本的对齐方式

巩固练习

在已制作好的PPT中插入一页幻灯片，在幻灯片中插入表格，并绘制出自己的各科成绩表（换算成百分制），然后加以美化。

任务 16.3　插入图表并进行编辑操作

1. 掌握插入图表的方法。
2. 掌握图表的编辑方法。

本任务继续完善上一个任务的演示文稿，学习在 PowerPoint 2021 中插入图表的操作方法，将任务 16.2 中的表格制作成图表。

有时单一的表格不足以表现出数据的变化趋势，需要使用图表来直观地分析与表现数据的变化趋势。在幻灯片中，表格和图表的结合使用可使信息内容更具有说服力。

（1）新建一页幻灯片，单击"插入"选项卡下"插图"组中的"图表"按钮，在弹出的"插入图表"对话框中选择"柱形图"选项，再选择"簇状柱形图"，如图 16-19 所示。

（2）单击"插入图表"对话框中的"确定"按钮后，就在幻灯片中插入了簇状柱形图并弹出了 Excel 数据表格，如图 16-20 所示。

（3）根据第 1 页幻灯片表格中的"预计本期支付金额"列数据来作图，数据如图 16-18 所示。在图 16-21 所示上边的 Excel 表格中输入相应的数据，则图 16-21 下边的图表自动转换为与输入数据相对应的图表。输入完成后，关闭上边的 Excel 窗口。

（4）给图表添加相应的标题。单击"图表设计"选项卡下"图表布局"组中的"添加图表元素"按钮，在弹出的下拉菜单中选择"图表标题"下的"图表上方"选项，如图16-22所示，并将"图表标题"改成"预计本期支付金额"，如图16-23所示。

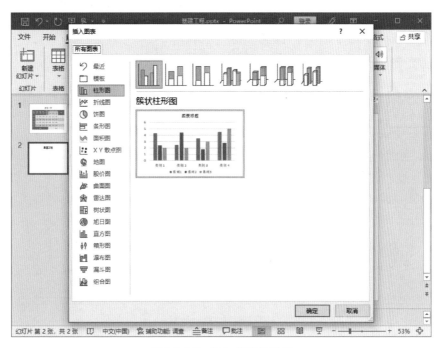

图 16-19　插入簇状柱形图

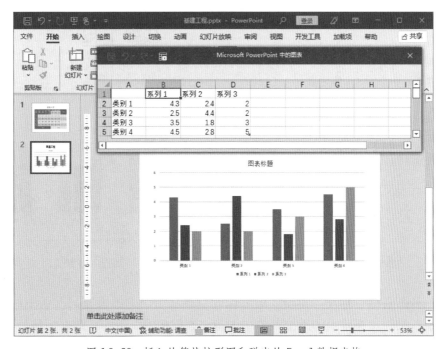

图 16-20　插入的簇状柱形图和弹出的 Excel 数据表格

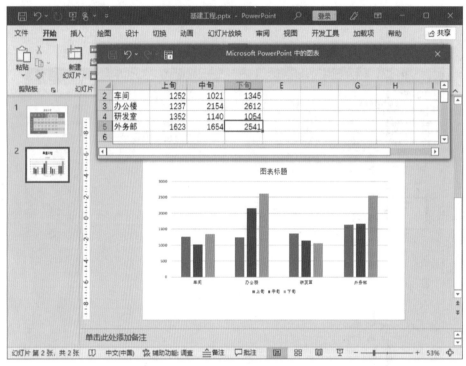

图 16-21 输入数据

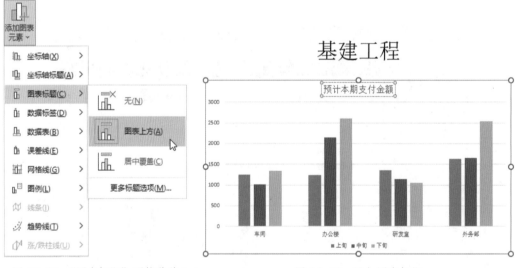

图 16-22 "图表标题"下拉菜单   图 16-23 添加图表标题

（5）对图表进行标注。单击"图表设计"选项卡下"图表布局"组中的"添加图表元素"按钮，在弹出的下拉菜单中选择"数据标签"下的"数据标签外"选项，如图 16-24 所示。添加数据标签后，得到图 16-25 所示的图表。

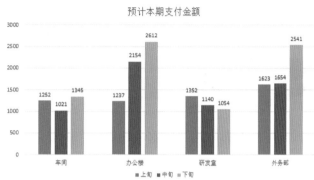

图 16-24　"数据标签"下拉菜单

图 16-25　标注后的效果

以自己的成绩表为源数据制作柱形图表。

任务 16.4　使用艺术字

掌握艺术字的使用方法。

本任务通过继续完善任务 16.1 的演示文稿来学习在 PowerPoint 2021 中插入艺术字的操作方法。

艺术字是指使用现成效果创建的文本对象，在制作文档时，为了使文档更美观，经常会使用艺术字。本任务学习在演示文稿中插入艺术字并进行效果的编辑。

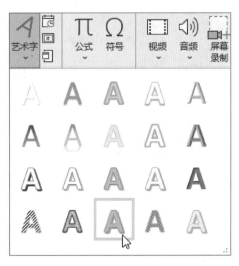

图 16-26 "艺术字"下拉菜单

（1）使用艺术字。打开"公司背景（原稿）.pptx"演示文稿，选择第 2 页中的"以人为本，品质至上"，单击"插入"选项卡下"文本"组中的"艺术字"按钮，弹出图 16-26所示的"艺术字"下拉菜单。选择某一个样式后，效果如图 16-27 所示。

图 16-27 插入艺术字

（2）PowerPoint 2021 为用户准备了一些常用的艺术字样式以供选择。单击"形状格式"选项卡下"艺术字样式"组中"文本效果"右侧的下拉箭头，在下拉菜单中选择自己需要的样式即可，如图 16-28 所示。

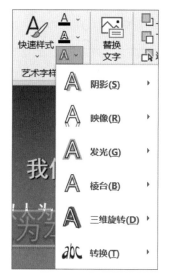

图 16-28　"文本效果"下拉菜单

将"谢谢"幻灯片制作成自己喜欢的艺术字效果。

项目十七
演示文稿的修饰

　　一份演示文稿能否吸引观众的目光，除了内容外，幻灯片的画面色彩和背景图案也能起到重要的作用。在 PowerPoint 2021 中，用户可以利用幻灯片设计功能来对画面色彩和背景图案进行设置。合理使用主题、背景、母版，将有助于用户制作出美观、专业的幻灯片。

任务 17.1　设置演示文稿的主题

1. 了解幻灯片主题的作用。
2. 掌握幻灯片主题的设置方法。

　　本任务通过对演示文稿进行主题设计来学习幻灯片主题的设置方法。

主题是一组统一的设计元素，它包含颜色、字体和图形，用来设置文档的外观。

通过应用主题，用户可以快速、轻松地设置整个文档的格式，赋予它专业和时尚的外观。

"主题效果"能够让用户像一名 Photoshop 专家那样创作出专业、时尚的图形效果。每一种主题效果方案都定义了特殊的图形显示效果，该效果将会应用于所有的形状、制图、示意图，甚至是表格之中。在"主题效果库"中，用户可以在不同的图形效果之间快速地转换，以查看实际显示效果。

（1）应用主题。打开文件名为"工人专家——李斌（简洁版）.pptx"的演示文稿，打开后的原始图样如图 17-1 所示。单击"设计"选项卡下"主题"组右侧的下拉箭头，在下拉菜单中选择自己喜欢的主题样式，如图 17-2 所示，则页面会产生相应的变化。

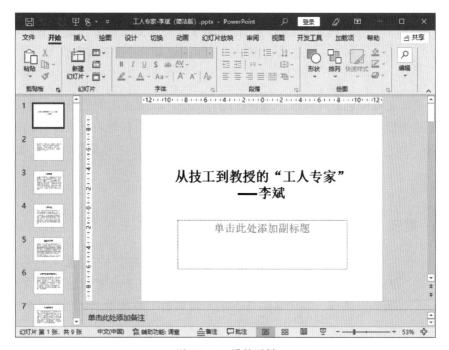

图 17-1　原始图样

图 17-2　在"主题"下拉菜单中选择主题样式

提示

当用户从"主题"下拉菜单中选择了某主题后，就为自己的幻灯片应用了一整套新的颜色、字体、效果、背景和布局。

（2）更改主题颜色。在修改主题样式的方法中，改变主题颜色的效果是最为直观的，也是最为显著的。单击"设计"选项卡下"变体"组右侧的下拉箭头，在下拉菜单中选择"颜色"，再选择一种颜色样式即可，这里选择"气流"样式，如图 17-3 所示。

提示

在"设计"选项卡下"变体"组的"颜色"下拉菜单中会显示 PowerPoint 2021 所有内置的主题颜色。用户也可以选择"自定义颜色"选项，在弹出的"新建主题颜色"对话框中制作自己的主题颜色。

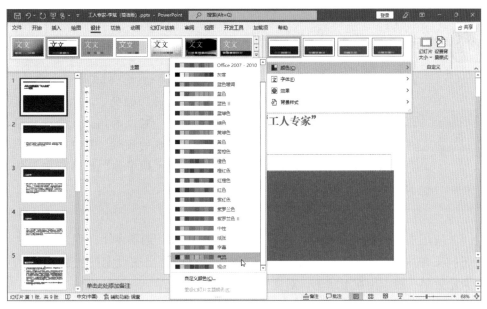

图 17-3　应用"气流"颜色主题

（3）应用主题字体样式。单击"设计"选项卡下"变体"组右侧的下拉箭头，在下拉菜单中选择"字体"，再选择合适的字体样式，则相应地就会更新幻灯片中所有标题和项目内容的字体。原始默认的字体是主题中已经设置的，这里是"气流"效果中的字体。现在选择"隶书"字体样式，效果如图 17-4 所示。

图 17-4　应用"隶书"字体样式

提示

> 通过改变某主题中的字体样式，可以将幻灯片的风格从"随意"转换为"正式"。在"设计"选项卡下"变体"组的"字体"下拉菜单中给出了用户可以使用的所有字体样式。可以看到，在每一款字体样式的上方都标注出了它来自哪一个基本的模板。用户也可以选择"自定义字体"选项，在弹出的"新建主题字体"对话框中创作出自己独有的主题字体样式。

（4）应用主题效果。同样地，用户只需要在"设计"选项卡下"变体"组的"效果"下拉菜单中选择合适的效果，如图17-5所示，即可出现设定的主题效果。应注意，主题效果一般应用在形状上，对文字不起作用。

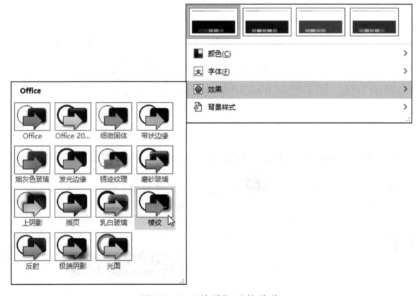

图17-5 "效果"下拉菜单

 巩固练习

根据本任务所学内容设置已制作 PPT 的主题样式。

任务 17.2　设置演示文稿的背景

1. 了解幻灯片背景的作用。
2. 掌握幻灯片背景的设置方法。

本任务学习幻灯片背景的设置方法。

背景样式是来自当前文档"主题"中主题颜色和背景亮度的组合。

当更改文档主题时，背景样式会随之更新，以反映新的主题颜色和背景亮度。

更改文档主题时，更改的不仅是背景，同时会更改颜色、标题和正文字体、线条和填充样式以及主题效果。如果希望只更改演示文稿的背景，则应选择一种背景样式。

（1）应用背景样式。在任务 17.1 的基础上，单击"设计"选项卡下"变体"组右侧的下拉箭头，在"背景样式"下拉菜单中选择图 17-6 所示的背景样式。

注意文字的颜色会基于用户所选的背景样式而自动变化。很多投影仪在放映深色的背景和浅色的文字时所展示的效果更好。用户可以使用不同的背景风格来快速转换幻灯片显示模式，以使显示效果更好。

（2）自定义背景样式。这里所说的自定义背景样式就是通常说的设置背景格式，这样达到的效果更加符合自己的要求。单击"设计"选项卡下"自定义"组中的"设置背景格式"按钮，打开"设置背景格式"窗格，选择"图片或纹理填充"，再单击"纹理"选项中的下拉箭头，弹出图 17-7 所示的纹理列表，用户可以从中选择合适的纹理。

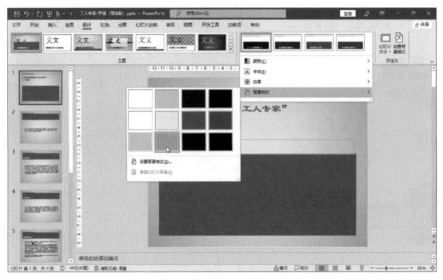

图 17-6　选择背景样式

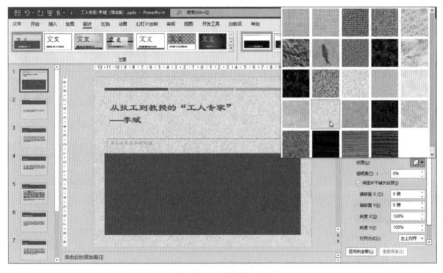

图 17-7　纹理列表

提示

　　在"设置背景格式"窗格中，单击"重置背景"按钮和"应用到全部"按钮有什么区别？在"设置背景格式"窗格中完成各项背景格式设置后，单击"重置背景"按钮，当前页所设置的背景将恢复到初始状态；如果单击"应用到全部"按钮，那么这个演示文稿中所有的幻灯片就全都采用这个背景了。

　　　　选择"纹理"和选择"图片"又有什么不同呢？纹理中的图片一般都比较小，选择一种纹理后，纹理图片的大小不变，按顺序排在背景里，直到把整个画面填满，看起来就像一张图片似的；而如果选择图片，那么背景只有这一幅图片，它自动调整为与幻灯片一样大小。

根据本任务的学习，将已制作好的演示文稿的背景更改为自己喜欢的背景。

任务 17.3　使用幻灯片母版

1. 了解幻灯片母版的作用。
2. 掌握幻灯片母版的使用方法。

本任务将学习幻灯片母版的使用方法。

在 PowerPoint 2021 中有 3 种母版，分别是幻灯片母版、讲义母版和备注母版，

可以用来制作统一标志和背景的内容，设置标题和主要文字的格式，包括文本的字体、字号、颜色和阴影等特殊效果，也就是说母版可以为所有幻灯片设置默认版式和格式。

幻灯片母版是模板的一部分，它存储的信息包括文本和对象在幻灯片上的放置位置、文本和对象占位符的大小、文本样式、背景、主题颜色、效果和动画。

如果将一个或多个幻灯片母版另存为单个模板文件，将生成一个可用于创建新演示文稿的模板。每个幻灯片母版都包含一个或多个标准或自定义的版式集。

为了便于理解，这里给出一个最直接的应用例子：如果需要某些文本或图形在每页幻灯片中都出现，如公司的徽标和名称，一页一页地去制作会很麻烦，而使用母版后，可以将它们放在母版中，在母版状态下制作一次就可以应用到整个幻灯片中了。

下面以幻灯片母版为例来学习如何添加和编辑母板。

（1）选择"视图"选项卡（见图17-8），单击"母版视图"组中的"幻灯片母版"按钮，进入幻灯片母版编辑界面，在窗口左侧的版式列表中选择"标题和内容"版式，如图17-9所示。

图17-8 "视图"选项卡

（2）单击"插入"选项卡下"图像"组中的"图片"按钮，在下拉菜单中选择插入图片来自"图像集"，插入所需图像，如图17-10所示。

（3）在"幻灯片母版"选项卡下"关闭"组中单击"关闭母版视图"按钮，则页面会跳回普通视图，如图17-11所示。查看整个演示文稿会发现只有首页和最后一页中未插入图片，其他页均含有已插入的图片。这是因为其他页的版式是"标题和内容"，首页和末页的版式是"标题版式"，而上面的操作是针对"标题和内容"版式页的。

（4）继续做修改，进入幻灯片母版编辑界面，在窗口左侧的版式列表中选择"标题"版式，在页面中插入相应的图片。单击"幻灯片母版"选项卡下"关闭"组中的

"关闭母版视图"按钮，退出幻灯片母版编辑状态。查看幻灯片效果，可以发现每一页
都有了插入的图片，如图 17-12 所示。

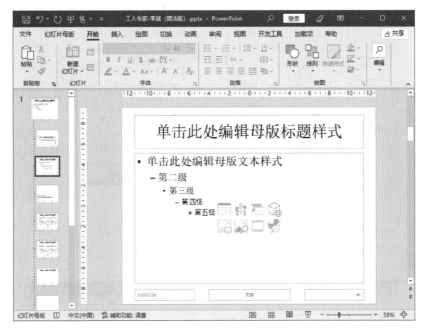

图 17-9 进入母版编辑状态

图 17-10 在母版中插入图像

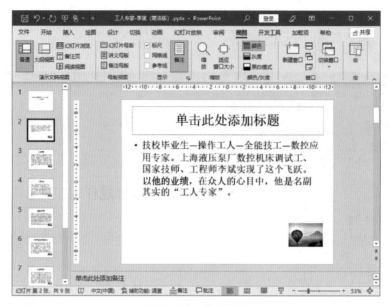

图 17-11　普通视图

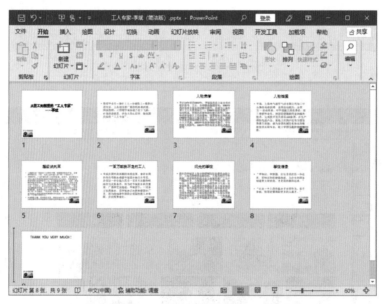

图 17-12　每页均有插入的图片

（1）制作幻灯片母版，并在首页添加校徽图片。

（2）在幻灯片的其他页面添加班级名称。

项目十八
多媒体支持功能的使用

在演示文稿中添加声音、视频和 Flash 动画等多媒体元素能吸引观众的注意力和增加新鲜感。

任务 18　制作有声幻灯片

1. 掌握插入声音的方法。
2. 掌握插入视频的方法。

本任务通过制作一个介绍婚庆公司的有声幻灯片来学习在 PowerPoint 2021 中插入声音和视频的方法。

使用 PowerPoint 2021 做演示和交流时，很多时候只用文字和图片表达信息。如果在幻灯片中合理地用上声音和视频，会带给观众全方位的感受，使演示和交流更有成效。

1. 插入声音

（1）从文件中添加声音

1）选择要添加声音的幻灯片，单击"插入"选项卡下"媒体"组中的"音频"按钮，在弹出的下拉菜单中选择"PC 上的音频"选项，如图 18-1 所示。

图 18-1　选择"文件中的音频"选项

2）在弹出的"插入音频"对话框中选择要插入的声音文件，如图 18-2 所示，然后单击"插入"按钮。

PowerPoint 2021 支持的声音文件格式有 aiff、au、mid、midi、mp3、wav、wma 等，应确保插入的声音文件格式正确。

（2）设置声音效果

单击插入声音后的声音图标" "，选择"播放"选项卡，如图 18-3 所示，可以设置各种声音效果。

图 18-2　选择声音文件

图 18-3　"播放"选项卡

1）预览声音。在"播放"选项卡的"预览"组中单击"播放"按钮，可以预览声音。

2）设置音量。在"播放"选项卡下的"音频选项"组中单击"音量"按钮，在弹出的下拉菜单中选择音量的高低或静音，选中即表示生效，如图 18-4 所示。

3）隐藏声音图标。在"播放"选项卡下的"音频选项"组中选中"放映时隐藏"复选框，可以设置隐藏声音图标。注意，只有将声音设置为自动播放，或者创建了其他类型的控件（单击该控件可以播放声音，如触发器）时，才可以使用该选项。

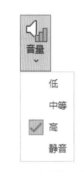

图 18-4　"音量"下拉菜单

4）循环播放。在"播放"选项卡下的"音频选项"组中选中"循环播放，直到停止"复选框，可以设置声音的循环播放。选择循环播放后，在放映幻灯片时声音将连续播放，直到转到下一页幻灯片为止。

5）设置声音跨幻灯片播放

①单击插入声音后的声音图标"🔊"，在"动画"选项卡下的"高级动画"组中单击"动画窗格"按钮，打开"动画窗格"。

②在"动画窗格"中，单击列表中所选声音右侧的下拉箭头，然后选择"效果选项"，如图 18-5 所示。

③在弹出的"播放音频"对话框的"停止播放"选项组中输入应在其上播放该文件的幻灯片总数，单击"确定"按钮，即可设置跨幻灯片播放声音，如图18-6所示。

图18-5 选择"效果选项"　　　　图18-6 设置跨幻灯片播放声音

2. 添加视频

（1）从文件中添加视频

1）选择要添加视频的幻灯片，单击"插入"选项卡下"媒体"组中的"视频"按钮，在弹出的下拉菜单中选择插入视频自"此设备"选项，如图18-7所示。

图18-7 选择"此设备"选项

2）在弹出的"插入视频文件"对话框中找到要插入的视频文件，如图 18-8 所示，双击该视频文件，该视频即被插入幻灯片中，插入后可用鼠标拖动来调整视频图标的位置。

PowerPoint 2021 支持的视频文件格式有 asf、avi、mpg、mpeg、wmv，应确保插入的视频文件格式正确。

图 18-8　插入视频文件

（2）设置视频效果

设置视频效果的操作方法与设置声音效果的操作方法类似，只是将声音换成了视频。

插入视频后，在幻灯片页面上单击选中视频，按住鼠标进行拖动，可以调整视频的位置。

1）预览视频。在"播放"选项卡下的"预览"组中单击"播放"按钮，可以预览视频。

2）设置视频播放音量。在"播放"选项卡下的"视频选项"组中单击"音量"按钮，在弹出的下拉菜单中选择音量的高低或静音，选中即表示生效。

3）设置视频是自动播放或单击时播放。在"播放"选项卡下"视频选项"组的"开始"下拉菜单中可以设置幻灯片放映时是"自动"还是"单击时"播放视频。此处设置成单击播放，在"开始"下拉菜单中选择"单击时"选项即可。

提示

设置视频跨幻灯片播放的操作与声音跨幻灯片播放的操作类似，不再赘述。

4）设置全屏播放。在"播放"选项卡下的"视频选项"组中勾选"全屏播放"复选框，可以设置视频的全屏播放。

5）设置循环播放。在"播放"选项卡下的"视频选项"组中勾选"循环播放，直到停止"复选框，可以设置视频的循环播放。循环播放时，视频将连续播放，直到转到下一页幻灯片为止。

6）设置视频播完后返回开头。在"播放"选项卡下的"视频选项"组中勾选"播放完毕返回开头"复选框，则视频播完后将返回开头。

巩固练习

（1）在自己制作的幻灯片中插入相关的声音和视频。

（2）制作一个介绍北京风景的幻灯片，在其中插入声音和视频，使演示文稿更加精美。

项目十九
超链接和动画效果的制作

PowerPoint 中动画效果的应用可以通过"动画"选项卡完成。用户可以为幻灯片的文本、图片等对象自定义动画效果。

任务 19.1 制作幻灯片动画效果

1. 掌握幻灯片切换效果的设置方法。
2. 掌握设置动画效果的方法。

本任务学习如何设置幻灯片切换效果,如何设置文本或其他对象的动画效果。

相关知识

有时为了加强幻灯片的视觉效果，增加幻灯片的趣味性，使幻灯片中的信息更有活力，可以给幻灯片添加一些动画效果。可以说，只要是幻灯片中可以活动的对象（即能被鼠标选中并拖动的对象），都可以被设置动画效果，例如，幻灯片中的文字、图片、图形以及整页幻灯片等。

实践操作

（1）设置幻灯片的切换效果。打开"兰花欣赏（样文）.pptx"，选择一页幻灯片，在"切换"选项卡下的"切换到此幻灯片"组中选择一种切换效果即可，如图 19-1 所示。用户还可以给这页幻灯片设置"切换声音""切换速度""切换方式"。另外，如果需要将所设置的切换效果应用到所有幻灯片，则需单击"切换"选项卡下"计时"组中的"应用到全部"按钮，否则所设置的效果只用于所选的那页幻灯片。

图 19-1　设置幻灯片切换效果

（2）更改幻灯片的切换效果。更改幻灯片的切换效果其实就是重新设置不同的切换效果，其操作与设置切换效果完全一样，这里不再重复讲述。

（3）删除幻灯片的切换效果。删除幻灯片的切换效果即将切换效果设为"无"切换效果。

（4）为对象添加"进入"动画效果。选择第一页幻灯片，选中页面上部的文本"兰花欣赏"，单击"动画"选项卡下"高级动画"组中的"添加动画"按钮，在弹出的下拉菜单中选择"进入"｜"飞入"选项，即可为文本"兰花欣赏"设置"飞入"的动画效果，如图19-2所示。为图片或其他对象添加"进入"动画效果的操作与此处相同。

图19-2　为文本添加"飞入"的动画效果

（5）为对象添加"强调"动画效果和"退出"动画效果。其操作与添加"进入"动画效果类似，这里不再重复讲述。

（6）为对象添加"动作路径"动画效果。选择第一页幻灯片中的图片，单击"动画"选项卡下"高级动画"组中的"添加动画"按钮，在弹出的下拉菜单中选择"其他动作路径"选项（见图19-3），弹出"添加动作路径"对话框（见图19-4），选择"平行四边形"，单击"确定"按钮，即为所选图片添加了平行四边形的动作路径。完成后，可以单击"预览"按钮进行预览（见图19-5）。

图 19-3 选择"其他动作路径"选项

图 19-4 "添加动作路径"对话框

图 19-5 动画效果预览

如果一页幻灯片中有多个对象，并且这些对象都设置了动画，一般来说，各对象按顺序播放，用户也可以对其顺序进行修改。

在已制作幻灯片的每一页设置不同的动画效果并播放预览。

任务 19.2　创建超链接

掌握创建超链接的方法。

本任务学习如何在演示文稿中创建超链接。

在 PowerPoint 2021 中，超链接是从一页幻灯片转到同一演示文稿中另一页幻灯片的链接，或是从一页幻灯片转到不同演示文稿中另一页幻灯片、电子邮件地址、网页或文件的链接。当指针指到超链接处，就会变成"小手"形状，单击就会跳转或链接到相应的资料。

（1）打开"兰花欣赏（样文）.pptx"，对第一页幻灯片中的 5 个文本分别制作超链

接。先选取文本"春兰",然后单击鼠标右键,在弹出的快捷菜单中选择"超链接"选项,如图 19-6 所示。

图 19-6　选择"超链接"选项

（2）在弹出的"插入超链接"对话框中单击"本文档中的位置"按钮,选中幻灯片 2,如图 19-7 所示。

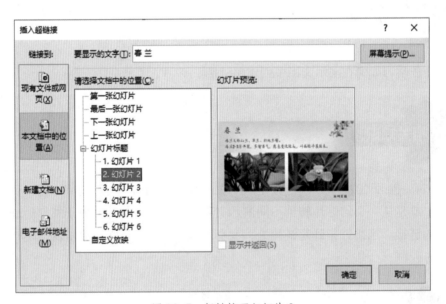

图 19-7　超链接至幻灯片 2

（3）单击"确定"按钮后,在超链接文字下面多了一条下画线,如图 19-8 所示。

（4）用同样的方法分别给其他 4 个文本加上超链接,如图 19-9 所示。

图 19-8　为"春兰"加上超链接后的效果

图 19-9　全部加上超链接后的效果

（5）为了方便返回，在除第 1 页外的其他各页幻灯片里都做一个"返回首页"的超链接，如图 19-10 所示。

图 19-10　添加"返回首页"超链接

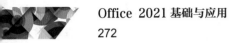

放映时，可在第 1 页单击超链接，直接跳转到相应的链接页。如果要返回第 1 页，则单击"返回首页"超链接即可。

在已制作的幻灯片中设置一处超链接。

项目二十
演示文稿的放映及打印

任务 20.1　放映演示文稿

1. 掌握幻灯片的放映方法。
2. 掌握幻灯片放映方式的设置方法。
3. 掌握排练计时的设置方法。

演示文稿做好后，下一步就准备对演示文稿进行播放和展示了。本任务通过放映一个知识测验节目的幻灯片来学习幻灯片放映的操作方法和技巧。

在排练放映演示文稿时，软件会自动记录下每页幻灯片的放映时间以及整个演示文稿的播放时间，这样就可以自动以此排练时间切换幻灯片了。

放映幻灯片时，为了便于观众理解，演示者一般会同时进行讲解，但有时演示者不能到场或者想自动放映演示文稿，此时可以使用录制旁白功能。

实践操作

1. 开始放映幻灯片

（1）从头开始放映幻灯片。幻灯片制作完成后，可以采用多种方式放映，最常用的一种是从头开始放映。在"幻灯片放映"选项卡下的"开始放映幻灯片"组中单击"从头开始"按钮，如图 20-1 所示，可从头开始放映幻灯片，放映时单击鼠标左键即可切换到下一页。

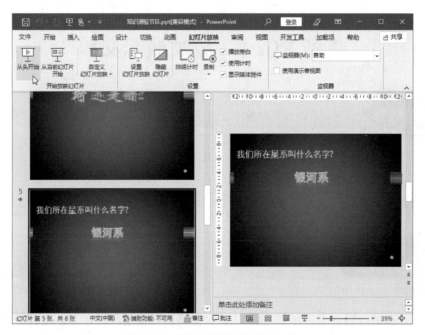

图 20-1 "从头开始"放映幻灯片

（2）从当前幻灯片开始放映。在"幻灯片放映"选项卡下的"开始放映幻灯片"组中单击"从当前幻灯片开始"按钮即可。

（3）自定义幻灯片放映。在"幻灯片放映"选项卡下的"开始放映幻灯片"组中单击"自定义幻灯片放映"按钮，在弹出的下拉菜单中选择"自定义放映"选项，弹出"自定义放映"对话框。在对话框中单击"新建"按钮，弹出"定义自定义放映"对话框，可以设定幻灯片放映名称，此处不做修改，用默认名称"自定义放映 1"，如图 20-2 所示。

选中一页需要放映的幻灯片，单击"添加"按钮，将其添加进自定义放映中，如图 20-3 所示。重复上述操作可以添加多页幻灯片。

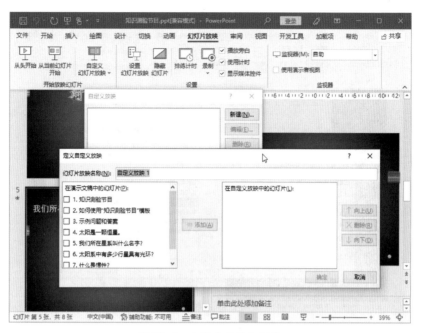

图 20-2　自定义放映幻灯片

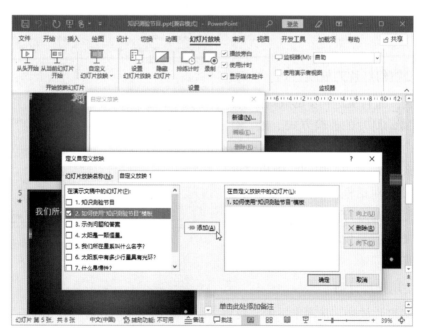

图 20-3　添加需要放映的幻灯片

也可以将已经添加的某页幻灯片从自定义放映中删除。选中一页已经添加但现在需要删除的幻灯片，单击"删除"按钮即可，如图 20-4 所示。重复上述操作可以删除多页幻灯片。

图 20-4　从自定义放映中删除不需要放映的幻灯片

设置完成后，在放映时选择"自定义放映 1"，单击右下角的"放映"按钮即可。

2. 设置幻灯片的放映方式

如果需要进行更进一步的放映控制，则可以设置幻灯片的放映方式。在"幻灯片放映"选项卡下的"设置"组中单击"设置幻灯片放映"按钮，弹出"设置放映方式"对话框，如图 20-5 所示。通过该对话框能进行更为详细的放映方式设置，根据需要设置完毕，单击"确定"按钮即可。

图 20-5　"设置放映方式"对话框

3. 使用排练计时

在"幻灯片放映"选项卡下的"设置"组中勾选"使用计时"复选框，如图 20-6 所示，单击"排练计时"按钮，即可开始试播并计时，此时播放界面左上角有一个计时条，如图 20-7 所示。

排练结束后，会弹出一个提示对话框，询问是否保留新的幻灯片排练时间，单击"是"按钮，如图 20-8 所示。接下来切换到幻灯片浏览视图会自动列出每页幻灯片的放映计时清单，如图 20-9 所示，让放映者能非常清楚地获知每页幻灯片的计时情况。

图 20-6　使用排练计时

图 20-7　使用排练计时的效果

图 20-8　使用排练计时的
　　　　提示对话框

图 20-9　每页幻灯片的放映计时清单

巩固练习

使用不同的放映方式放映已制作好的幻灯片。

任务 20.2　发布与打印演示文稿

1. 掌握演示文稿的发布方法。
2. 掌握演示文稿的打印设置方法。

本任务学习如何将演示文稿打包成 CD，以及如何进行演示文稿的打印设置。

如果到了演示地点，所用计算机上没有安装 PowerPoint，这时如何播放并展示制作好的演示文稿呢？PowerPoint 2021 提供了将演示文稿打包成 CD 的功能，即使没有安装 PowerPoint，该 CD 也能在安装了 Windows 2000 以上操作系统的计算机上运行，以保证演示文稿的正常播放并展示。需要播放时，双击运行 play.bat 即可。

通过 PowerPoint 2021 还可以将演示文稿打印出来，便于携带和使用。

1. 将演示文稿打包成 CD

（1）选择"文件"｜"导出"｜"将演示文稿打包成 CD"选项，单击右侧的"打包成 CD"按钮（见图 20-10），弹出"打包成 CD"对话框，如图 20-11 所示。单击"添加"按钮，打开"添加文件"对话框，找到需要打包发布的演示文稿，如图 20-12 所示，双击即可完成添加操作。

（2）返回"打包成 CD"对话框，单击"复制到文件夹"按钮，可在弹出的"复制到文件夹"对话框中更改文件夹名称及存储位置，最后单击"确定"按钮。

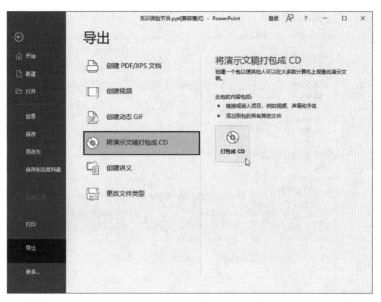

图 20-10　单击"打包成 CD"按钮

图 20-11　"打包成 CD"对话框

（3）后续可能会弹出一个提示对话框，询问是否要在包中包含链接文件，单击"是"按钮即可。

接下来可以看到正在打包的提示信息，等待打包完成即可。用户可以将打包文件夹里的文件刻盘或者用移动硬盘存储，需要放映时只要带着刻好的光盘或者移动硬盘，在没有安装 PowerPoint 的计算机上也能播放（注意，计算机操作系统必须为 Windows 2000 以上版本）。

2. 演示文稿的打印设置

单击"文件"菜单，选择"打印"选项，窗口右侧显示图 20-13 所示的打印预览效果。

图 20-12　"添加文件"对话框

图 20-13　"打印"窗口

用户可以通过图 20-13 所示的功能选项进行相关设置，如打印全部还是部分幻灯片、是否整页打印、幻灯片是否加框等。

如果需要在一张纸上打印多页幻灯片，则单击"整页幻灯片"右侧的下拉箭头，在弹出的下拉菜单中选择"9 张垂直放置的幻灯片"选项（见图 20-14），即可得到图 20-15 所示的效果，打印时每页纸上将包含 9 页幻灯片的内容。

图 20-14　在一页纸上打印多页幻灯片的操作

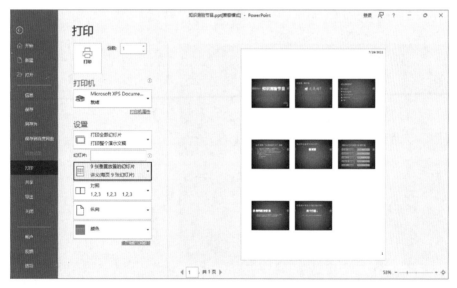

图 20-15　在一页纸上打印多页幻灯片的效果

设置打印的页眉、页脚和颜色选项。

第四篇

Access 2021

项目二十一
Access 2021 的基本操作

任务 21　Access 2021 的基本
功能及数据库的创建

学习目标

1. 熟悉 Access 2021 的基本功能。
2. 掌握 Access 2021 的启动方法。
3. 熟悉 Access 2021 的操作界面。
4. 掌握创建数据库和打开数据库的操作方法。

任务描述

人们通常见到的"同学录"和"馆藏目录"都是典型的小型数据库。当用户需要通过某种顺序或者分类来查找需要的信息时，就可以用数据库来存储和组织有用的信息。

如果"同学录"上记录的名字超过百人，图书室管理员的"馆藏目录"上记录的书目超过千本，甚至更多，若仍使用陈旧的方法查找需要的内容，既费时费力，准确率又低，这时就需要数据库系统来协助管理这些数据。

这里将要介绍的 Access 就是一种优秀的数据库管理系统。

本任务学习 Access 常用的几种启动方法，熟悉其操作界面的基本元素。

1. 数据库

数据库是一种用于存储和组织信息的工具，它可以存储如同学录、馆藏目录、考试成绩或其他任何内容的信息。例如，"同学录"就是一个最简单的数据库，每位同学的姓名、地址、电话等信息就是这个数据库中的"数据"。

2. Access 的基本功能

Access 是微软公司推出的基于 Windows 桌面的数据库管理系统，是 Office 系列应用软件之一。它提供了表、查询、窗体、报表 4 种用来建立数据库系统的对象；提供了多种向导、生成器、模板，将数据存储、数据查询、界面设计、报表生成等操作规范化；为建立功能完善的数据库系统提供了方便，使用户不必编写代码就可以完成大部分数据管理的任务。

3. Access 数据库对象

通过熟悉数据库中的表、查询、窗体和报表对象，可以更加轻松地执行各种任务，例如，将数据输入数据库表中，添加或删除记录，查找并替换数据。

（1）Access 数据库文件。Access 2021 创建的数据库文件扩展名不同于早期版本，为 .accdb。可以使用 Access 2021 打开早期版本的 Access 创建的数据库文件，但使用早期版本的 Access 不能打开由 Access 2021 创建的数据库文件。

在 Access 数据库文件中，可以使用 Access 数据库对象来管理各种信息，主要包括以下 4 种数据库对象。

1）使用表来存储数据。只需要在一个表中存储一次数据，便可以在多处使用此数据。

2）使用查询来查找和检索所需的数据。

3）使用窗体来查看、添加和更新表中的数据。

4）使用报表来分析或打印特定布局中的数据。

（2）表和关系。数据库表在外观上与电子表格相似，都以行和列存储数据。通常可以将电子表格导入数据库表中。存储数据在电子表格中与数据库中的主要区别在于数据的组织方式不同。

为了从数据库中获得最大的灵活性，需要将数据组织到表中，这样就不会发生冗余。例如，如果在存储有关同学的信息时，每位同学的信息只需要在专门设置为保存同学的各种信息的表中输入一次，有关班级的数据将存储在其专用表中，有关科目的数据将存储在另外的表中。

要存储数据，可以为跟踪的每种信息创建一个数据库表，例如，可以为学生信息和监护人信息各创建一个数据库表。在查询、窗体或报表中收集多个表中的信息时，还需要定义表之间的关系，如图 21-1 所示。

图 21-1　表和关系示意图

1）曾经存在于学生学籍文档中的学生信息现在位于"学生"表中。

2）曾经存在于监护人花名册中的监护人信息现在位于"监护人"表中。

3）通过将一个表中标识唯一内容的字段添加到另一个表中，并定义这两个字段之间的关系，Access 可以匹配这两个表中的相关记录，以便在查询、窗体或报表中收集相关记录，如"学生"表中的"名字"与"监护人"表中的"学生"相互匹配。

（3）查询。查询是数据库中应用最多的对象，可以执行很多不同的功能，最常用的功能是从表中检索特定数据。要查看的数据通常分布在多个表中，通过查询就可以在一张数据表中查看这些数据，也可以使用查询添加一些条件，以将数据"筛选"为所需的记录，如图 21-2 所示。

1）"学生"表为有关学生的信息。

2）"监护人"表为有关监护人的信息。

3）利用"监护人—学生查询"从"学生"表中检索"姓名"和"学生ID"，从"监护人"表中检索"学生"和监护人的

图 21-2　查询示意图

"姓名"。

（4）窗体。用户可以使用窗体轻松地查看、输入和更改数据。窗体通常包含链接到表中基础字段的控件。当打开窗体时，Access 会从其中的一个或多个表中检索数据，然后用创建窗体时所选择的布局显示数据，如图 21-3 所示。

1）"学生"表同时显示了多条记录，呈列表状显示。

图 21-3 窗体示意图

2）利用"学生简易信息窗体"查看其中一条记录，它可以显示多个表中的字段，也可以显示图片和其他对象。

（5）报表。报表可以用来汇总和显示表中的数据。一个报表通常可以回答一个特定的问题，例如，"今年班内每位同学的期末考试成绩"或者"班内的同学来自哪些城市"。可以为每个报表设置格式，从而以最容易阅读的方式来显示信息。

报表可以在任何时候运行，而且将始终反映数据库中的当前数据。通常将报表的格式设置为适合打印的格式。报表也可以在屏幕上查看、导出到其他程序或者以电子邮件的形式发送。可以使用报表快速分析数据，或者用某种预先设定的固定格式或其他格式呈现数据。例如，利用"学生信息报表"可以按照固定格式打印所呈现的数据，如图 21-4 所示。

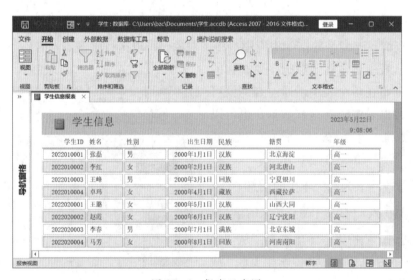

图 21-4 报表示意图

4. Access 2021 的操作界面

Access 2021 的操作界面（见图 21-5）由多个元素构成，定义了用户与程序的交互方式。主要的界面元素如下：

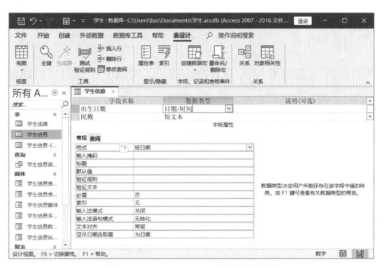

图 21-5　Access 2021 的操作界面

（1）功能区。功能区是菜单和工具栏的主要替代工具，位于操作界面窗口顶部的带状区域，提供了 Access 2021 中主要的命令。功能区中有多个选项卡，各选项卡以直观的方式将命令组合在一起。

（2）选项卡。选择所需的选项卡，可以浏览该选项卡中可用的所有命令，主要的选项卡包括"开始""创建""外部数据"和"数据库工具"等。

1）"开始"选项卡包括"视图""剪贴板""排序和筛选""记录""查找""文本格式"等选项组，如图 21-6 所示。

图 21-6　"开始"选项卡

2）"创建"选项卡包括"模板""表格""查询""窗体""报表""宏与代码"等选项组，如图 21-7 所示。

图 21-7　"创建"选项卡

3）"外部数据"选项卡包括"导入并链接""导出"等选项组，如图 21-8 所示。

图 21-8 "外部数据"选项卡

4）"数据库工具"选项卡包括"工具""宏""关系""分析""移动数据"和"加载项"等选项组，如图 21-9 所示。

图 21-9 "数据库工具"选项卡

（3）导航窗格。在打开数据库或创建新数据库时，数据库对象的名称会在导航窗格中显示。

1）单击导航窗格顶部的"学生导航"按钮，选择"对象类型"选项，导航窗格中的对象将会以不同的对象类型分组浏览，如图 21-10 所示。

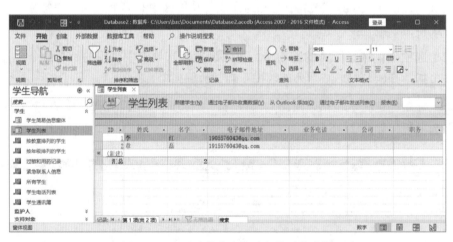

图 21-10 更改导航窗格对象的浏览类别

2）用鼠标右键单击导航窗格中的表对象"监护人"，在弹出的快捷菜单中选择"打开"选项，如图 21-11 所示，在窗口右侧将打开"监护人"表（也可以直接双击该对象打开该表）。

3）单击导航窗格右上角的"百叶窗开/关"按钮 » «，或按 F11 键，即可隐藏或显示导航窗格，如图 21-12 所示。

图 21-11　通过快捷菜单打开导航窗格中的对象

a）　　　　　　　　　　　　　　　b）

图 21-12　隐藏或显示导航窗格

a）隐藏导航空格　b）显示导航窗格

（4）选项卡式文档。在打开数据库或创建新数据库时，数据库对象的名称将显示为选项卡式文档，位于窗口右侧的区域。

1）单击各文档对象标签可以切换为不同的对象视图。

2）用鼠标右键单击文档对象标签，可以在弹出的快捷菜单中选择将要执行的操作，如图 21-13 所示。

图 21-13　通过快捷菜单选择要对选项卡式文档执行的操作

实践操作

1. Access 2021 的启动方法

（1）通过"开始"菜单启动。选择"开始"|"所有程序"|"Microsoft Office"|"Microsoft Access 2021"选项，即可启动 Access 程序。

（2）通过桌面快捷方式启动。双击桌面上的"Microsoft Access 2021"快捷方式图标，即可启动 Access 程序。

（3）通过打开 Access 数据库文件启动。找到需要打开的 Access 数据库文件，如"学生 .accdb"，双击该文件图标即可启动 Access 程序。

2. Access 数据库的创建

（1）创建空白数据库。通过"开始"菜单或桌面快捷方式（而不是双击打开 Access 数据库文件）启动 Access 2021 时，在"新建"窗口中单击"空白数据库"图标，在"空白数据库"窗口的"文件名"文本框中输入文件名或使用所提供的文件名，如图 21-14 所示。单击"创建"按钮，将创建新的数据库"学生信息 .accdb"，并且在数据表视图中打开一个新的空白数据库表，如图 21-15 所示。

（2）使用本地模板创建新数据库。Access 2021 中提供了许多模板，模板是一个包括经过专业设计的表、窗体和报表的数据库。在创建新数据库时，模板可以提供一个良好的开端。

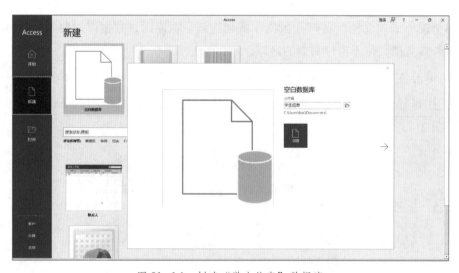

图 21-14　创建"学生信息"数据库

图 21-15　打开"学生信息"数据库

1）单击"文件"菜单，在"新建"窗口中选择"学生"模板，在"文件名"文本框中输入文件名"学生"，单击"创建"按钮创建"学生"数据库，如图 21-16所示。

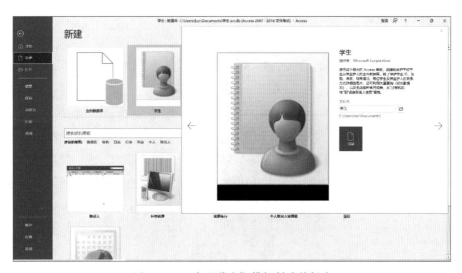

图 21-16　由"学生"模板创建数据库

2）创建好后，打开"学生"数据库（见图 21-17），单击窗口左侧的导航窗格，可以看到该数据库中包含有表、查询、窗体和报表等对象，其中"监护人"和"学生"只有定义好的结构，无数据，可以根据需要修改表中字段。

图 21-17　打开由模板"学生"创建的"学生"数据库

（1）通过"开始"菜单启动 Access 2021，新建空白数据库"同学录"，并将其保存至桌面文件夹"Access 练习"中，关闭 Access 2021。

（2）打开桌面文件夹"Access 练习"，双击数据库文件"同学录 .accdb"启动 Access 2021，通过"文件"菜单打开利用模板创建的"学生"数据库，在导航窗格中将浏览类别改为"对象类型"，打开不同类型的对象，如"学生"表、"学生扩展信息"查询、"学生详细信息"窗体和"学生通讯簿"报表等，在选项卡式文档区域分别查看各对象的外观，以熟悉其基本功能，关闭各选项卡式文档后，关闭 Access 2021。

项目二十二
数据库表的创建与查询

任务 22.1 创建学生信息表

学习目标

1. 了解表的基本功能。
2. 掌握表的创建方法。
3. 掌握表的基本操作方法。
4. 掌握导入 Excel 数据的操作方法。

任务描述

Access 数据库是用表对象来存储和管理数据的，本任务学习使用 Access 管理数据。

首先创建新的数据库表，如创建"学生信息"表来存储有关学生的信息，然后将"同学录"Excel 工作表导入 Access 数据库的表中，以便将来更好地利用该表。

当数据的数量和类型都比较多，而且相互之间存在联系时，应考虑使用 Access 代替 Excel 来管理数据。

相关知识

Access 2021 和 Excel 2021 有许多相似的地方，可以使用 Access 或 Excel 管理数据。

这两个程序都按照列（即字段）组织数据，而列存储特定类型（也称为字段数据类型）的信息。每列顶部的第一个单元格用作该列的标签。Excel 和 Access 在术语上有一点不同，Excel 中的行在 Access 中称为记录。

如果数据只需存储于一个表或工作表中，这样的数据就称为平面数据或非关系数据。例如，使用 Excel 创建一个学生列表，该列表使用 5 列来组织学生的 ID、姓名、性别、出生日期及年级，不需要将学生的姓名和性别分别存储在不同的表中。

与之相比，如果数据必须存储于多个表或工作表中，而且这些表包含一系列名称相似的列，例如，"学生"表中的"姓名"字段与"监护人"表中的"学生"字段相互匹配，则表示数据是关系数据。为此，就需要使用关系数据库。

在使用关系数据库时，可能会需要在数据中标识一对多关系。例如，设计一个学生信息管理数据库，其中一个表将包含学生信息，另一个表将包含这些学生的监护人信息，而一个学生可能有多个监护人，因此便出现了一对多关系。由于关系数据需要多个相关的表，因此最好存储在 Access 中。

1. 创建表

创建数据库后，可以创建表来存储数据。设计数据库时，在创建任何其他数据库对象之前，应该先创建数据库的表。

（1）新建空数据库，命名为"学生.accdb"，保存路径为桌面，系统将自动插入新的空表"表1"，如图 22-1 所示。

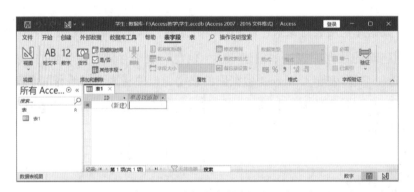

图 22-1　在新的空数据库中创建新的空表"表1"

（2）用鼠标右键单击选项卡文档区域的"表1"标签，在弹出的快捷菜单中选择"保存"选项，在弹出的"另存为"对话框中将"表名称"更改为"学生"，如

图 22-2 所示。

图 22-2　更改表名称为"学生"

（3）单击"确定"按钮，"学生"空表创建完成，如图 22-3 所示。

图 22-3　"学生"空表创建完成

提示

也可以在已有的数据库中创建空表，或者通过模板创建表，此处不再赘述。

2. 表的基本操作

对表的基本操作主要是通过在选项卡文档区域和导航窗格中对在表标签上单击鼠标右键所弹出的菜单进行选择来完成的。

（1）打开表。打开已有数据库"学生 .accdb"，用鼠标右键单击导航窗格中的"学生"标签，在弹出的快捷菜单中选择"打开"选项，"学生"表便在选项卡文档区域显示打开。

（2）关闭表。用鼠标右键单击选项卡文档区域的"学生"标签，在弹出的快捷菜单中选择"关闭"选项，即可关闭"学生"表，如图22-4所示。

图22-4　在选项卡文档区域关闭"学生"表

（3）保存表。用鼠标右键单击选项卡文档区域的"学生"标签，在弹出的快捷菜单中选择"保存"选项，可将对"学生"表所做的各种操作结果保存到"学生.accdb"数据库中。

单击快速访问工具栏中的"保存"按钮或者选择"文件"菜单中的"保存"选项，也可以实现对表对象的保存操作。

（4）删除表。用鼠标右键单击导航窗格中的"学生"标签，在弹出的快捷菜单中选择"删除"选项。如果此时"学生"表在选项卡文档区域正处于打开状态，则会弹出对话框，提示不能在数据库对象"学生"打开时将其删除，可以先关闭数据库对象，然后删除它，如图22-5所示。

图22-5　删除表时弹出提示对话框

（5）复制或剪切表。用鼠标右键单击导航窗格中的"学生"标签，选择"复制"或"剪切"选项，该表的结构和数据等信息便保存在系统的内存中，以便在进行"粘贴"时使用。

执行剪切操作后，在导航窗格中"学生"表已消失不见，因为剪切表意味着在复制该表的同时将该表从数据库中删除，如图22-6所示。

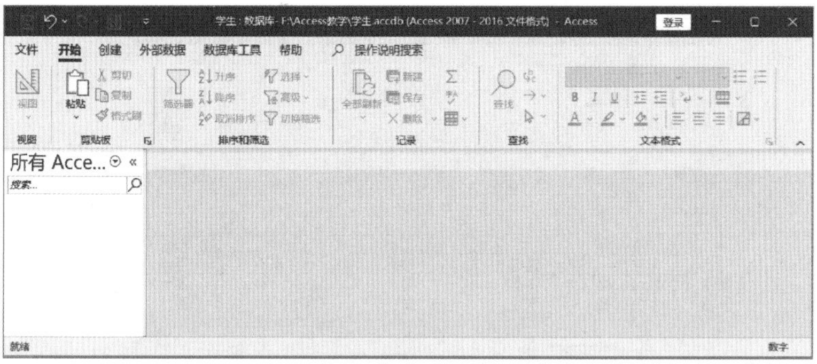

图22-6　"学生"表被剪切后不再显示

（6）粘贴表。在导航窗格中复制或剪切"学生"表后，用鼠标右键单击导航窗格中的"学生"标签，或者用鼠标右键单击导航窗格中的空白区域，在弹出的快捷菜单中选择"粘贴"选项，在弹出的"粘贴表方式"对话框中进一步选择，粘贴选项包括"仅结构""结构和数据"和"将数据追加到已有的表"，用户可以根据具体情况进行选择。

（7）重命名。用鼠标右键单击导航窗格中的"学生"标签，在弹出的快捷菜单中选择"重命名"选项。如果"学生"表处于打开状态，则会弹出对话框，提示不能在数据库对象"学生"打开时对其重命名，可以先关闭此数据库对象，然后重命名。

将"学生"表关闭后，用鼠标右键单击导航窗格中的"学生"标签，在弹出的快捷菜单中选择"重命名"选项，将表名称由"学生"改为"学生信息"，如图22-7所示。

图22-7　将表名称由"学生"改为"学生信息"

3. 使用外部数据

（1）粘贴Excel数据

1）在Excel 2021中打开Excel文件"学生表模板.xlsx"，在工作表Sheet1中选择并复制需要粘贴的数据，如图 22-8 所示。

图 22-8　在打开的 Excel 工作表中选择并复制需要粘贴的数据

2）在 Access 2021 中打开 Access 数据库"学生 .accdb"，在导航窗格中打开"学生信息"表，用鼠标右键单击选项卡文档区域中"学生信息"表内的"单击以添加"区域，在弹出的快捷菜单中选择"粘贴为字段"选项。

3）在弹出的提示对话框中单击"是"按钮，执行粘贴操作。

4）执行粘贴操作后，图 22-8 中被选择并复制的数据就被粘贴到了 Access 数据库的"学生信息"表中，包括新导入的 5 个字段名称和 2 行 5 列数据，如图 22-9 所示。

图 22-9　将 Excel 数据粘贴到 Access 数据库的"学生信息"表中

（2）导入 Excel 数据

1）在 Access 2021 中打开 Access 数据库"学生 .accdb"，在"外部数据"选项卡下的"新数据源"组中单击"新数据源"按钮，在下拉菜单中选择"从文件"|"Excel"选项，如图 22-10 所示。

2）弹出"获取外部数据 –Excel 电子表格"对话框。首先需要指定数据源，可以单击"浏览"按钮，打开需要导入数据

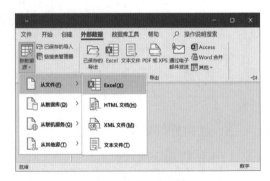

图 22-10　选择"新数据源"

的 Excel 文件，或在"文件名"文本框中输入 Excel 文件的完整路径，然后需要指定数据在当前数据库中的存储方式和存储位置，选项包括"将源数据导入当前数据库的新表中""向表中追加一份记录的副本"和"通过创建链接表来链接到数据源"，选择第一个选项，单击"确定"按钮，如图 22-11 所示。

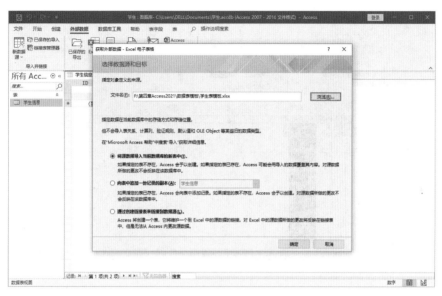

图 22-11　选择数据源和存储方式及位置

3）进入"导入数据表向导"界面，该界面展现了可以导入的 Excel 工作表及其数据，选择包含所需导入数据的工作表"Sheet1"，单击"下一步"按钮，如图 22-12 所示。

图 22-12　选择包含所需导入数据的工作表"Sheet1"

4）在"导入数据表向导"中选择"第一行包含列标题"，这样 Access 就可以用 Excel 工作表第一行的列标题作为表的字段名称，单击"下一步"按钮。

5）在"导入数据表向导"中可以指定有关正在导入的每一个字段的信息，包括修改默认字段名称、索引和数据类型，设置完成后单击"下一步"按钮，如图 22-13 所示。

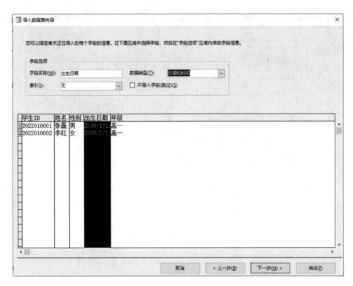

图 22-13　指定有关正在导入的每一个字段的信息

6）在"导入数据表向导"中可以为新表定义一个主键，用来唯一地标识表中的每个记录，选项包括"让 Access 添加主键""我自己选择主键"和"不要主键"，选中第一个，单击"下一步"按钮，如图 22-14 所示。

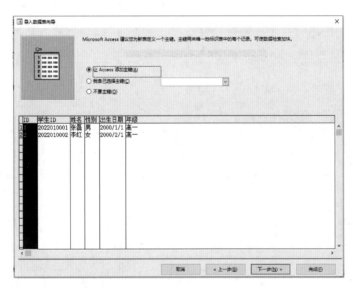

图 22-14　为新表定义一个主键

7）在"导入数据表向导"中输入目的表的名称"学生信息 –Excel 导入"，单击"完成"按钮，如图 22-15 所示。

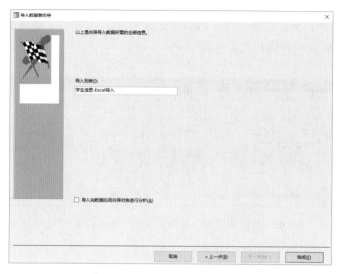

图 22-15　输入目的表的名称"学生信息–Excel导入"

8）弹出"获取外部数据 –Excel 电子表格"对话框，提示完成向"学生信息 –Excel 导入"表导入文件"学生表模板 .xlsx"，选中"保存导入步骤"复选框，这样将来无须使用该向导即可重复该数据导入操作，输入导入操作的名称"导入 – 学生表模板"，并添加说明，单击"保存导入"按钮，如图 22-16 所示。

图 22-16　保存导入步骤

9）导入操作执行完成，图22-8中所示的Excel工作表数据通过"导入数据表向导"导入到了Access数据库"学生.accdb"中，并创建了一个新表"学生信息-Excel导入"来装载导入的数据。在导航窗格中打开新表，在选项卡文档区域中查看其数据，包括新导入的5个字段名称和2行5列数据，如图22-17所示，通过与图22-9所示的内容进行比较，可见两种操作效果相同。

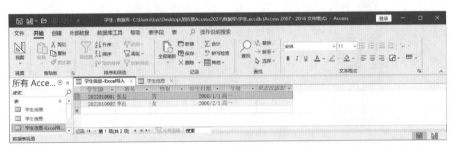

图22-17 将Excel数据导入Access数据库的"学生信息-Excel导入"表中

（1）启动Access 2021，新建空白数据库"学生"，并保存至桌面文件夹"Access练习"中；新建空白数据库表"学生信息"，保存并关闭"学生信息"表，关闭Access 2021。

（2）打开"学生副本"数据库，将"学生家长联系方式"表隐藏，修改表属性，使隐藏表可见；删除"班主任联系方式"表；保存并关闭全部表，关闭Access 2021。

（3）打开"联系人"数据库，导入Excel文件"学生"的"Sheet2"工作表数据，选择"将源数据导入当前数据库的新表中"，将导入的新表命名为"学生信息"，并保存导入步骤以便将来重复使用；查看"学生信息"表的数据是否与Excel文件"学生"的"Sheet2"工作表一致；保存并关闭"学生信息"表，关闭Access 2021。

（4）打开Excel文件"学生"，对"Sheet2"工作表数据稍做修改；打开"联系人"数据库，删除原有"学生信息"数据库表，利用"已保存的导入"重新导入Excel文件"学生"的"Sheet2"工作表数据；保存并关闭"学生信息"表，关闭Access 2021。

任务 22.2　设计学生信息表

1. 了解表的设计思路。
2. 熟悉数据表视图。
3. 掌握表设计视图中的各种设置和操作方法。

在 Access 中不仅可以存储常见的"文本""数字"类型的数据，还可以存储"日期/时间""图片"等类型的数据。在 Access 中录入数据时有一些技巧，例如，可以将数据按照其含义划分为独立的信息单元（即字段）之后再录入。

利用数据表视图可以完成对数据库表"学生信息"进行设计的主要工作，在表设计视图中，还可以对字段和属性进行更细致的设定。

本任务学习学生信息表的设计方法。

表是数据库中组织和存储数据的关键对象，因此，数据库表设计的好坏会直接影响整个数据库使用的便利与否。

一般的数据库表设计思路包括以下步骤：

（1）确定数据库表的用途。

（2）查找和组织所需的信息。

（3）将信息项转换为字段。

（4）确定字段的类型。表是用来存储数据的，现实世界存在不同类型的数据，要存储并处理这些数据，需要使用不同的数据类型。Access 数据库提供的常用数据类型有自动编号、长文本、短文本、数字、货币、日期/时间、是/否、附件、超链接等，可根据需要选择合适的类型。

例如，存储少量文字使用"短文本"类型，如姓名、学生 ID 等字段；存储大量文字使用"长文本"类型，如学生的简历、文章等；存储数值型数据使用"数字"类型，如语文成绩 98.5；存储照片、声音等使用"附件"类型；存储学生的生日使用"日期/时间"类型；存储学生是否为团员信息，则可以使用"是/否"类型。

如果表中需要一个能自动填充内容、自动增长的数据，可使用"自动编号"类型，Access 表中一般会自动带一个这样的数据类型的字段。

文本型数据可设置字段的长度。一个字符，无论是英文字母、数字、汉字，还是标点符号，在 Access 数据库中都将其长度设置为 1，存储器存储时需要多少字节，取决于使用哪种字符集。

数值型数据可分为整型、长整型、单精度、双精度和小数，可存储整数和小数，存储小数时可指定精度和小数位数，整数位加小数位等于该数的精度，如李红的语文成绩为 98.5，这个数的精度是 3，小数位数是 1。

（5）设定主键。每个表应包含一个列或一组列，用于对存储在该表中的每条记录进行标识。这通常是一个唯一的标识号，如"学生 ID"或"考场序号"。在数据库术语中，此信息称为表的主键。

主键必须始终具有值。如果某列的值可以在某个时间变成未分配或未知（缺少值），则该值不能作为主键的组成部分。应该选择其值始终不会更改的字段作为主键。在使用多个表的数据库中，可以将一个表的主键作为引用在其他表中使用。如果主键值发生更改，还必须将此更改应用到其他任何引用该键的位置。使用不会更改的主键可以降低出现主键与其他引用该键的表不同步的概率。

1. 表对象的视图

数据表视图是打开数据库表时的默认视图，在数据表视图中，用户可以完成对数据库表进行设计的主要工作，而在表设计视图中，主要是对字段及属性信息进行更细致的设定。

在不同视图间切换的主要方法如下：

（1）在选项卡文档区域用鼠标右键单击表标签，在弹出的快捷菜单中将"数据表视图"切换为"设计视图"，如图 22-18 所示。

图 22-18 将"数据表视图"
切换为"设计视图"

（2）单击状态栏最右侧的"视图"按钮，将"设计视图"切换为"数据表视图"。

2. 对字段的操作

Access 2021 可方便地对表中的字段进行操作，实现表结构的修改。常用的对字段的操作有添加/删除字段，更改字段的名称、类型，设置字段的属性等。

（1）向表中添加字段。要向表中添加字段，有两种常用方法，一种是在"数据表视图"中快速添加，另一种是在"设计视图"中添加，在该视图中，可添加/删除字段，详细设置字段的类型、属性等。

1）在数据表视图中添加字段。在"数据表视图"中，单击"表字段"选项卡下"添加和删除"组中的"AB短文本"按钮，可添加一个文本型字段，可直接单击列"单击以添加"后的下拉箭头，在弹出的下拉列表中选择"日期和时间"，即可添加一个存储日期和时间的新字段，如图 22-19 所示。

图 22-19　在"数据表视图"中添加字段

2）在表的设计视图中添加字段。在表的"设计视图"中选定"姓名"一行，单击"表设计"选项卡下"工具"组中的"插入行"按钮，可在"姓名"字段前添加一行，输入新字段名称为"学生 ID"，设置字段类型为"短文本"，若字段"学生 ID"要存储10 个字符，则将长度设置为 10，效果如图 22-20 所示。

（2）删除表中的字段。在"数据表视图"和"设计视图"中可删除表中不需要的字段。

1）在"数据表视图"中删除字段。在"数据表视图"中选定要删除的字段，单击"表字段"选项卡下"添加和删除"组中的"删除"按钮，或用鼠标右键单击要删除的字段，在弹出的快捷菜单中选择"删除字段"，即可删除指定的字段。

2）在"设计视图"中删除字段。在"设计视图"中选定要删除的字段，单击"表设计"选项卡下"工具"组中的"删除行"按钮，或用鼠标右键单击要删除的字段，在弹出的快捷菜单中选择"删除行"，都可删除指定的字段，如图 22-21 所示。

图 22-20　在"设计视图"中添加字段

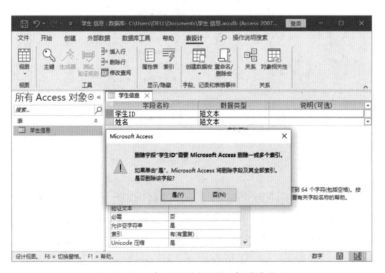

图 22-21　在"设计视图"中删除字段

（3）更改字段的名称。表中字段的名称是可以更改的，一般可在"数据表视图"和"设计视图"中更改。

1）在"数据表视图"中为字段改名。在"数据表视图"中单击"表字段"选项卡下"属性"组中的"名称和标题"按钮，在弹出的"输入字段属性"对话框中设置字段的名称和标题，同时可附加一个起解释作用的说明，如图 22-22 所示。

图 22-22　在"数据表视图"中为字段改名

2）在"设计视图"中为字段改名。在"设计视图"中选定要改名的字段，如学号，直接在"字段名称"栏中输入新的字段名"学生 ID"即可。

（4）设置字段的类型。当创建或修改表时，需要设置或修改一个字段的数据类型和长度，可在"数据表视图"和"设计视图"中完成。

1）在"数据表视图"中设置字段的类型。在"数据表视图"中选定要修改字段类型的字段，单击"表字段"选项卡下"格式"组中"数据类型"右侧的下拉箭头，在弹出的下拉列表中选定要设置的类型，如将"学号"字段设置为"数字"类型，如图 22-23 所示。

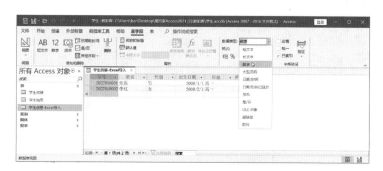

图 22-23　在"数据表视图"中设置字段类型

2）在"设计视图"中设置字段的类型。在"设计视图"中选定要修改字段类型的字段，单击"数据类型"栏后的下拉箭头，在弹出的下拉列表中选择要设置的类型，如将"照片"字段设置为"附件"类型，如图 22-24 所示。

3. 设置表的外观

Access 表与 Excel 相似，可通过设置字体、字号、文字的颜色、交替行背景色、行高、列宽、文字对齐方式和某些字段的显示格式来设置表中数据的外观，也可以隐藏不想被别人看到的数据列，起到保密作用。

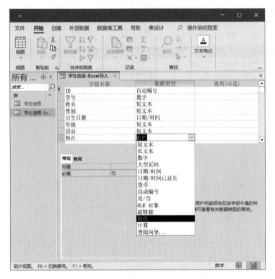

图 22-24　在"设计视图"中设置字段类型

（1）设置字体、字号、文字颜色和替代背景色。切换到"数据表视图"，在"开始"选项卡下的"文本格式"组中可以设置字体、字号、文字的颜色等。同时可单击"文本格式"组右下角的箭头，弹出"设置数据表格式"对话框，如图 22-25 所示，可将相邻行的背景设置为不同的颜色，以增强显示效果。

图 22-25　"设置数据表格式"对话框

（2）设置列宽。在"学生信息"表中选中"学生 ID"列，用鼠标直接拖拽该列的右侧边界，即可改变该列的宽度。

（3）设置行高。在"学生信息"表中选中第一条记录，用鼠标直接拖拽该行的下侧边界，即可改变全部行的高度。这与设置列宽有所不同，设置列宽时只影响当前列的宽度，而设置任意一行的高度将会改变全部的行高。

（4）设置字段的显示格式。有些类型的字段可设置不同的显示格式，如在显示"日期/时间"类型的数据时，可设置为常规日期、长日期、短日期等格式，如图 22-26和图 22-27 所示。

（5）隐藏字段。在"学生信息"表中用鼠标右键单击字段"性别"，选择"隐藏列"选项，"学生信息"表中字段"性别"即被隐藏，不可见。

图 22-26 在"数据表视图"中设置日期/时间的显示格式

若要取消隐藏，在"学生信息"表中用鼠标右键单击除系统字段"单击以添加"外的任意一列，选择"取消隐藏列"选项，则会弹出"取消隐藏列"对话框，在"取消隐藏列"对话框中选中"性别"字段，则在"学生信息"表中的"性别"字段即被取消隐藏，又重新显示。

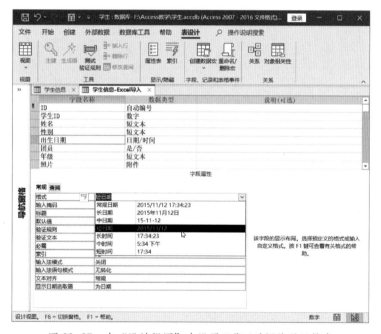

图 22-27 在"设计视图"中设置日期/时间的显示格式

（1）启动 Access 2021，新建空白数据库"学生信息"，并保存至桌面文件夹"Access练习"中，新建空白数据库表"学生信息"，在"数据表视图"中添加字段"学生

ID""姓名""性别""出生日期""民族""籍贯"和"年级";切换至"设计视图",将字段"学生 ID"和"出生日期"的数据类型分别设置为"数字"和"日期 / 时间",将格式属性分别设置为"常规数字"和"长日期",将其余字段的数据类型均设置为"文本";保存并关闭"学生信息"表,关闭 Access 2021。

（2）打开"学生信息"数据库,并打开"学生信息"表,根据字段所需要的内容录入至少 5 条记录,各记录内容应尽量保证合理性和多样性;将系统字段"单击以添加"所在列隐藏;将"行高"和"列宽"分别设置为"标准行高"和"标准列宽";保存并关闭"学生信息"表,关闭 Access 2021。

（3）打开"学生信息"数据库,并打开"学生信息"表,设置字号为"16",重新设置合适的行高和列宽,以适应增大的字号;将字段"学生 ID"和"出生日期"的文本对齐方式设置为"右对齐",将其余字段的文本对齐方式设置为"左对齐";将"替代背景色"设置为"淡灰 3";保存并关闭"学生信息"表,关闭 Access 2021。

任务 22.3　查询学生信息

1. 了解查询的基本功能。
2. 熟悉查询的分类。
3. 掌握创建单表查询的方法。

使用 Access 设计的"学生信息"数据库表创建完成,并且也录入了相关的数据,当要在这些数据中查找特定的信息时,就要用到查询功能。

查询是对数据结果和数据操作的请求。可以使用查询从表中检索数据、执行计算、合并不同表中的数据,也可以使用查询向表中添加、更改或删除数据。

本任务学习查询学生信息的方法。

数据库表创建后，可以创建查询来检索或操作数据。简单的数据库（如学生信息）可能仅使用一个简单查询，复杂的数据库会使用多个复杂查询。

按照查询是否更改数据库表的数据来分类，查询分为选择查询、单表查询、多表查询和操作查询。

1. 数据准备

在使用查询功能之前，应准备相对丰富的测试数据，以便更好地理解查询功能。

（1）学生信息。在数据库"学生 .accdb"中创建"学生信息"数据库表，如图 22-28 所示。

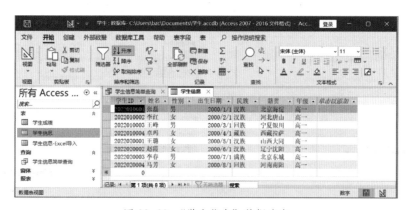

图 22-28　"学生信息"数据库表

（2）学生成绩。在数据库"学生 .accdb"中创建"学生成绩"数据库表，如图 22-29 所示。

2. 创建单表查询

下面以创建"学生信息简单查询"为例讲解创建单表查询的操作步骤：

（1）打开数据库"学生 .accdb"，在"创建"选项卡下的"查询"组中单击"查询向导"按钮。

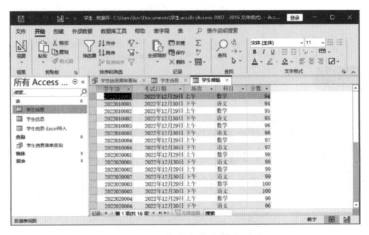

图 22-29 "学生成绩"数据库表

（2）弹出"新建查询"对话框，可以通过该对话框选择的查询向导类型包括"简单查询向导""交叉表查询向导""查找重复项查询向导"和"查找不匹配项查询向导"，选择"简单查询向导"，单击"确定"按钮。

（3）进入"简单查询向导"，在"表/查询"下拉列表中选择"表：学生信息"选项，如图 22-30 所示。

（4）在"简单查询向导"中，从"可用字段"列表框中选择字段"学生 ID""姓名""性别"和"出生日期"，将其添加到"选定字段"列表框中，如图 22-31 所示。

图 22-30 进入"简单查询向导"

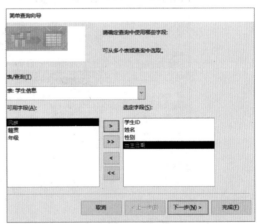

图 22-31 选择查询将要涉及的字段

（5）单击"下一步"按钮，在"简单查询向导"中为查询指定标题为"学生信息简单查询"，并选择"打开查询查看信息"，单击"完成"按钮。

（6）"学生信息简单查询"在选项卡文档区域随即打开，显示查询的结果数据，并在导航窗格中的"查询"组中增加了"学生信息简单查询"标签，如图 22-32 所示。

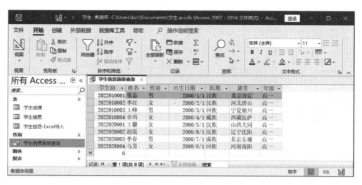

图 22-32　显示查询的结果

3. 查询对象的视图

Access 2021 对于数据库查询对象的使用提供了 3 种不同的视图，即"数据表视图""设计视图""SQL 视图"，选择不同的视图可以实现不同的操作和功能。

其中，在设计查询时最常用的视图为"数据表视图""SQL 视图"和"设计视图"，这些是需要重点掌握的内容。

数据表视图是打开查询时的默认视图，在数据表视图中可以显示查询的结果，在 SQL 视图中可以查看查询的 SQL 语句并进行修改，在设计视图中主要是对查询进行可视化设计，常用于较为复杂的查询设计。

在不同视图间切换的主要方法如下：

（1）在选项卡文档区域用鼠标右键单击查询标签，在弹出的快捷菜单中将"数据表视图"切换为"设计视图"，如图 22-33 所示。

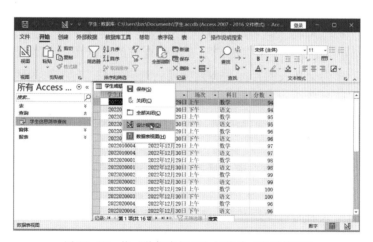

图 22-33　将"数据表视图"切换为"设计视图"

（2）在"查询设计"选项卡下的"结果"组中单击"视图"按钮，在弹出的下拉菜单中选择"SQL 视图"，将"设计视图"切换为"SQL 视图"，如图 22-34 所示。

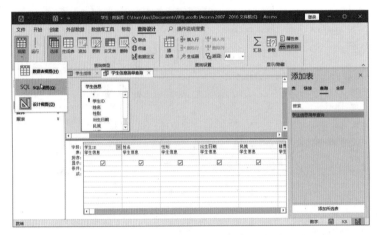

图 22-34　将"设计视图"切换为"SQL 视图"

（3）单击状态栏最右侧的"视图"按钮进行选择。

（1）打开"学生信息"数据库，通过"查询向导"创建"学生信息简单查询"，在"简单查询向导"中选择"学生信息"表作为查询的数据源，选择"学生 ID""姓名""性别"和"出生日期"作为查询的条件；将查询结果与"学生信息"表进行比较，验证查询结果实际上是"学生信息"表的子集；保存并关闭"学生信息简单查询"，关闭 Access 2021。

（2）打开"学生信息"数据库，通过"查询向导"创建"学生成绩交叉表"，在"交叉表查询向导"中选择"学生成绩"表作为查询的数据源，分别选择字段"学生 ID"和"科目"作为交叉表的行标题和列标题，选择字段"分数"和函数"汇总"作为交叉表的交叉点计算公式；将查询结果与"学生成绩"表进行比较，验证查询结果中的"总分"字段实际上是"学生成绩"表中各科目分数的"和"；保存并关闭"学生成绩交叉表"，关闭 Access 2021。

（3）打开"学生信息"数据库，通过"查询向导"创建"学生信息交叉表"，在"交叉表查询向导"中选择"学生信息"表作为查询的数据源，分别选择字段"民族"和"性别"作为交叉表的行标题和列标题，选择字段"学生 ID"和函数"计数"作为交叉表的交叉点计算公式；将查询结果与"学生信息"表进行比较，验证查询结果实际上是学生的"民族"和"性别"交叉分布，其中的数字实际上是"学生信息"表中符合某个"民族"和"性别"组合的学生的"个数"；保存并关闭"学生信息交叉表"，关闭 Access 2021。

项目二十三
窗体的创建与编辑

任务 23.1　创建学生信息窗体

1. 掌握窗体的创建方法。
2. 熟悉窗体布局视图。

通过之前的学习，大家应能够很熟练地使用 Access 创建数据库表用于存储和组织各类有用的数据信息，并且能够设计常用的条件查询用于从大量数据中检索和统计出符合特定需求的数据集合，可以使用 Access 出色地完成各种日常的数据管理工作。

本任务学习创建学生信息窗体的方法。

创建数据库表和查询后，可以创建窗体以显示、输入或者编辑表或查询中的数据。简单的数据库（如学生信息）可能仅使用一个窗体，复杂的数据库会使用多个复杂窗体以及子窗体。窗体通常包含链接到表中基础字段的控件，当打开窗体时，

Access 会从其中的一个或多个表中检索数据，然后用创建窗体时所选择的布局显示数据。

可以使用窗体来控制对数据的访问，如显示哪些字段或数据行。例如，某些用户可能只需要查看包含许多字段的表中的几个字段，为这些用户提供仅包含那些字段的窗体，更便于用户使用数据库。

可以将窗体视作窗口，通过它查看和访问数据库。有效的窗体更便于使用数据库，因为省略了搜索所需内容的步骤。美观的窗体可以增加使用数据库的乐趣和效率，还有助于避免输入错误的数据。

1. 窗体对象的视图

Access 2021 对于数据库窗体对象的使用提供了 3 种不同的视图，即"窗体视图""布局视图"和"设计视图"，选择不同的视图可以实现不同的操作和功能。

在窗体视图中可以显示窗体的结果数据，在布局视图中可以调整窗体元素的布局，在设计视图中主要是对窗体元素进行可视化设计，常用于较为复杂的窗体设计。

在选项卡文档区域用鼠标右键单击窗体标签，在弹出的快捷菜单中可将"窗体视图"切换为"布局视图"，如图 23-1 所示。

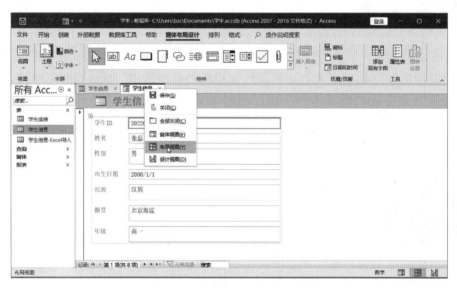

图 23-1 将"窗体视图"切换为"布局视图"

提示

也可以单击状态栏最右侧的"视图"按钮，将"设计视图"切换为"窗体视图"。

2. 创建窗体

（1）基本窗体

1）打开数据库"学生 .accdb"，在导航窗格选择"学生信息"数据库表，然后在"创建"选项卡下的"窗体"组中单击"窗体"按钮，基本窗体"学生信息"在选项卡文档区域打开，默认视图为"布局视图"，如图 23-2 所示。由于在创建窗体前选择了"学生信息"数据库表，Access 便自动将"学生信息"表中的有关信息加载到当前窗体中。

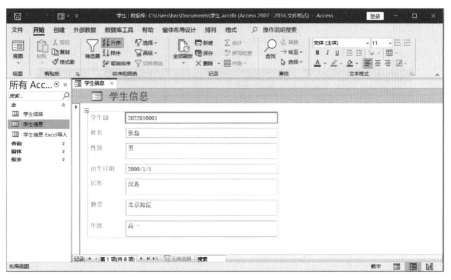

图 23-2　基本窗体"学生信息"在选项卡文档区域打开

2）单击快速访问工具栏中的"保存"按钮，在弹出的"另存为"对话框中输入窗体名称"学生信息窗体"，单击"确定"按钮，如图 23-3 所示。选项卡文档区域的"学生信息"标签变为"学生信息窗体"，并在导航窗格的"窗体"组中增加了"学生信息窗体"标签，其图标与表对象和查询对象都不相同，如图 23-4 所示。

图 23-3　将窗体保存为"学生信息窗体"

图 23-4　学生信息窗体

3）切换到"窗体视图"，查看窗体的数据显示，如图 23-5 所示。通过底部的导航栏可以选择查看的记录，例如，单击"⏮"按钮选择第一条记录，单击"⏭"按钮选择最后一条记录，单击"◀"按钮选择上一条记录，单击"▶"按钮选择下一条记录。

图 23-5　切换到"窗体视图"，查看窗体的数据显示

（2）数据表窗体

1）在导航窗格选择"学生信息"数据库表，然后在"创建"选项卡下的"窗体"组中单击"其他窗体"按钮，在弹出的下拉菜单中选择"数据表"选项。数据表窗体"学生信息"在选项卡文档区域打开，窗体的外观布局看上去和"学生信息"表极为相似，而且其默认视图为"数据表视图"，是表对象特有的视图，而非窗体对象的视图，如图 23-6 所示。由于在创建窗体前选择了"学生信息"数据库表，Access 便自动将

"学生信息"表中的有关信息加载到当前的窗体中。

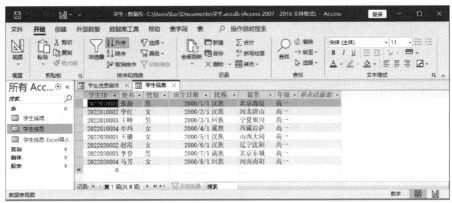

图 23-6　数据表窗体"学生信息"在选项卡文档区域打开

2）单击快速访问工具栏中的"保存"按钮，在弹出的"另存为"对话框中输入窗体名称"学生信息数据表窗体"，单击"确定"按钮。选项卡文档区域的"学生信息"标签变为"学生信息数据表窗体"，并在导航窗格的"窗体"组中增加了"学生信息数据表窗体"标签，其图标与"学生信息窗体"相同，如图 23-7 所示。

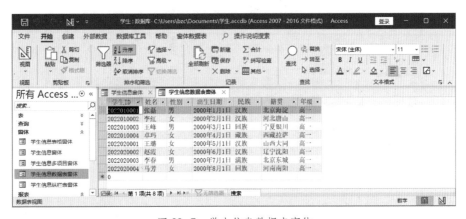

图 23-7　学生信息数据表窗体

（3）多项目窗体

1）在导航窗格选择"学生信息"数据库表，然后在"创建"选项卡下的"窗体"组中单击"其他窗体"按钮，在弹出的下拉菜单中选择"多个项目"选项。多项目窗体"学生信息"在选项卡文档区域打开，窗体的外观布局看上去和"学生信息数据表窗体"较为相似，以列表的形式显示数据，其默认视图为"布局视图"，如图 23-8 所示。由于在创建窗体前选择了"学生信息"数据库表，Access 便自动将"学生信息"表中的有关信息加载到当前的窗体中。

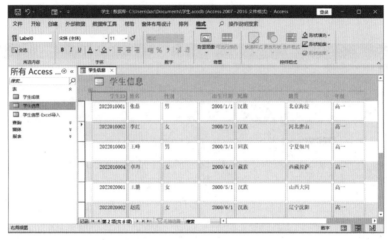

图 23-8　多项目窗体"学生信息"在选项卡文档区域打开

2）单击快速访问工具栏中的"保存"按钮，在弹出的"另存为"对话框中输入窗体名称"学生信息多项目窗体"，单击"确定"按钮。选项卡文档区域的"学生信息"标签变为"学生信息多项目窗体"，并在导航窗格的"窗体"组中增加了"学生信息多项目窗体"标签，其图标与其他窗体对象相同，如图 23-9 所示。

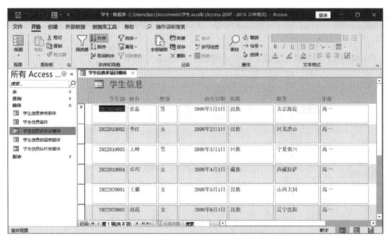

图 23-9　学生信息多项目窗体

（4）窗体向导

1）在导航窗格选择"学生信息"数据库表，在"创建"选项卡下的"窗体"组中单击"窗体向导"按钮，弹出"窗体向导"对话框，可以在"表 / 查询"下拉列表中选择窗体的数据源，包括数据库表和选择查询（不包括操作查询）；可以在"可用字段"列表框中选择将要在窗体上显示的字段，由于在创建窗体前选择了"学生信息"数据库表，Access 便自动将"学生信息"表作为"表 / 查询"下拉列表的默认选择，将该表包含的全部字段从"可用字段"列表框中选择到"选定字段"列表框中，单击"下一步"按钮，如图 23-10 所示。

2）在"窗体向导"中选择窗体使用的布局，选项包括"纵栏表""表格""数据表"和"两端对齐"，此处选择"纵栏表"，单击"下一步"按钮。

3）在"窗体向导"中指定窗体标题为"学生信息纵栏表窗体"，并选择"打开窗体查看或输入信息"，单击"完成"按钮。

图 23-10　选择窗体的数据源和字段

4）"学生信息纵栏表窗体"在选项卡文档区域打开，查看窗体的数据显示，其默认视图为"窗体视图"，并在导航窗格的"窗体"组中增加了"学生信息纵栏表窗体"标签，如图 23-11 所示。实际上，使用"纵栏表"布局的窗体即为基本窗体。

图 23-11　学生信息纵栏表窗体

5）如果在"窗体向导"中选择"表格"布局，指定窗体标题为"学生信息表格窗体"，则窗体创建完成后在选项卡文档区域打开，其默认视图为"窗体视图"，如图 23-12 所示。实际上，使用"表格"布局的窗体即为多项目窗体。

3. 设置窗体外观

（1）设置文本框宽度。打开"学生信息窗体"，切换到"布局视图"，选中"学生 ID"文本框，用鼠标直接拖拽该文本框的右侧边界，即可改变整列文本框的宽度，如图 23-13 所示。对于使用其他布局形式的窗体，设置文本框的宽度都可以采用类似操作。

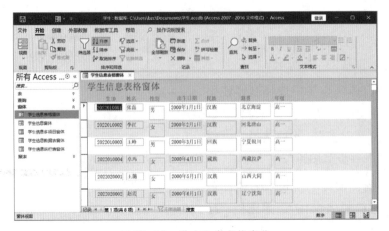

图 23-12　学生信息表格窗体

图 23-13　拖拽文本框的右侧边界可改变整列文本框的宽度

（2）设置文本框高度。在"学生信息窗体"中选中"学生 ID"文本框，用鼠标直接拖拽该文本框的下侧边界，即可改变该文本框的高度。对于使用其他布局形式的窗体，设置文本框的高度都可以采用类似操作。

（3）设置徽标。在"学生信息窗体"中选中窗体徽标，如图 23-14 所示，然后在"窗体布局设计"选项卡下的"页眉 / 页脚"组中单击"徽标"按钮，在弹出的"插入图片"对话框中选择将要插入的徽标图片，单击"确定"按钮，新的徽标即显示在"学生信息窗体"中。

（4）设置窗体标题。在"学生信息窗体"中选中窗体标题，然后在"窗体布局设计"选项卡下的"页眉 / 页脚"组中单击"标题"按钮，在窗体标题编辑区域输入新的标题"学生信息浏览信息窗口"，按 Enter 键确定，如图 23-15 所示。

图 23-14　设置徽标

图 23-15　输入新的标题"学生信息浏览信息窗口"

（5）设置日期和时间

1）在"学生信息窗体"中选中窗体顶部，然后在"窗体布局设计"选项卡下的"页眉 / 页脚"组中单击"日期和时间"按钮。

2）在弹出的"日期和时间"对话框中选择将要插入的系统当前的日期和时间，并选择默认的显示格式，单击"确定"按钮，如图 23-16 所示。

3）保存并关闭"学生信息窗体"，在导航窗格中选中并重新打开该窗体，其默认视图为"窗体视图"，系统当前的"日期"和"时间"在窗体顶部的右侧区域显示，将来每次打开该窗体时都会加载显示系统当前的日期和时间。

图 23-16　选择将要插入的系统当前的日期和时间

（1）打开"学生信息"数据库，在导航窗格中选择"学生信息"表，在"创建"选项卡下"窗体"组中单击"窗体"按钮，创建基本窗体"学生信息窗体"；切换到"窗体视图"，查看窗体的数据显示，通过底部的导航栏查看其他记录；尝试创建以

"学生成绩"表为数据源的基本窗体；保存并关闭各窗体，关闭 Access 2021。

（2）打开"学生信息"数据库，在导航窗格中选择"学生信息"表，在"创建"选项卡下"窗体"组中单击"其他窗体"按钮，在弹出的下拉菜单中选择"多个项目"选项，创建"学生信息多项目窗体"；切换到"窗体视图"，查看窗体的数据显示，在窗体中新增几条记录，打开"学生信息"表，查看记录是否更新；尝试创建以"学生成绩"表为数据源的多项目窗体；保存并关闭各窗体，关闭 Access 2021。

任务 23.2　编辑学生信息窗体

学习目标

1. 熟悉窗体控件类型。
2. 熟悉窗体设计视图。
3. 掌握添加窗体控件的操作方法。
4. 掌握窗体控件属性的设置方法。

任务描述

使用美观的窗体可以方便、直观地展示和管理特定的信息，但是 Access 中的窗体和其他应用程序中的窗体有很大差别，例如，它与进入 Windows 操作系统时的登录窗体相比，没有类似可以方便地选择"用户名"的组合框（下拉列表），也没有类似可以通过单击来执行"登录"或"重新启动"操作的按钮。

实际上，Access 为窗体设计提供了"设计视图"，在该视图下，不仅能够在窗体中添加下拉列表、选项框、按钮和图片，还能添加超链接和附件等控件。本任务将学习如何在设计视图中向窗体添加控件，并修改其属性。

相关知识

在窗体对象中承载各类信息或者可以选择执行操作的元素称为窗体控件。最常用的窗体控件有文本框、标签、标题、徽标及日期和时间。

与设计数据库表时要设置字段的属性信息一样，在窗体设计时也可以通过设置控件的属性信息来完成特定的功能。

控件的属性按照其功能主要分为格式、数据、事件、其他和全部5类。

实践操作

1. 查看窗体设计

（1）查看基本窗体的设计

1）打开数据库"学生.accdb"，用鼠标右键单击导航窗格中的"学生信息窗体"标签，选择"打开"选项，打开"学生信息窗体"，默认视图为"窗体视图"，如图23-17所示。

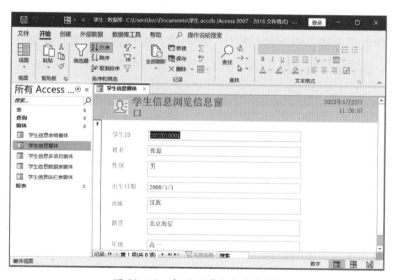

图 23-17　打开"学生信息窗体"

2）在选项卡文档区域用鼠标右键单击窗体标签，选择"设计视图"选项，切换为"学生信息窗体"的设计界面，"开始"选项卡也切换为"表单设计"选项卡，如

图 23-18 所示。在选项卡文档区域，窗体被分为"窗体页眉""主体""窗体页脚"3个区域，其中"窗体页眉"主要放置"标题""徽标""日期和时间"等窗体的辅助数据显示控件，而"主体"主要放置"标签""文本框""图像""子窗体"等窗体的主体数据显示控件，"窗体页脚"主要放置"页码"等窗体的辅助数据显示控件。一般不在"窗体页脚"中进行设计，而主要在"窗体页眉"和"主体"中进行设计。

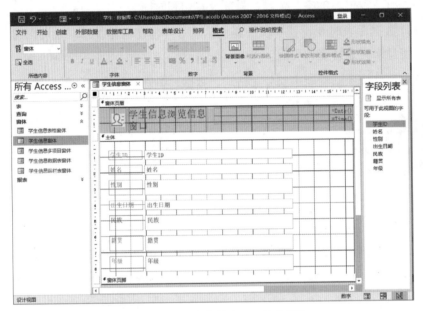

图 23-18　基本窗体的"设计视图"

3）"表单设计"选项卡下的"控件"组在进行窗体设计时发挥主要作用，通过添加各类控件，使窗体界面变得友好且丰富，如图 23-19 所示。

图 23-19　"表单设计"选项卡

4）"排列"选项卡下的"调整大小和排序"组在进行窗体布局设计时发挥主要作用，通过设置控件布局，使窗体界面有序且美观。

（2）查看多项目窗体的设计

打开"学生信息多项目窗体"，切换到"设计视图"，如图 23-20 所示。与"学生信息窗体"进行比较，主要的区别在于"学生信息多项目窗体"对于各文本框和标签采用了表格布局方式，标签位于文本框的上部，且处于"窗体页眉"区域，而"学生信息窗体"对于各文本框和标签采用了堆叠布局方式，标签位于文本框的左侧，同处于"主体"区域。

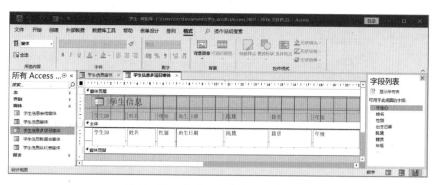

图 23-20　多项目窗体的"设计视图"

2. 修改窗体设计

（1）修改徽标的设计

1）打开"学生信息窗体"，切换到"设计视图"，选中窗体徽标，然后在"表单设计"选项卡下的"工具"组中单击"属性表"按钮。

2）"属性表"在窗体的右侧打开，从"属性表"的顶部可以看到，实际上"徽标"的类型为"图像"，在此处的名称为"Auto_Logo0"，如图 23-21 所示。在"全部"属性页面可以看到多种有关外观显示的属性信息，例如，"可见""图片""缩放模式""宽度""高度"和"边框样式"等。

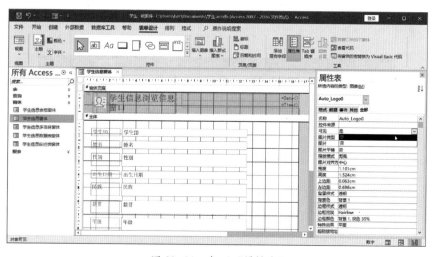

图 23-21　打开"属性表"

3）在"设计视图"下，在属性表的"特殊效果"属性下拉列表中将默认的"平面"改为"蚀刻"，如图 23-22 所示。

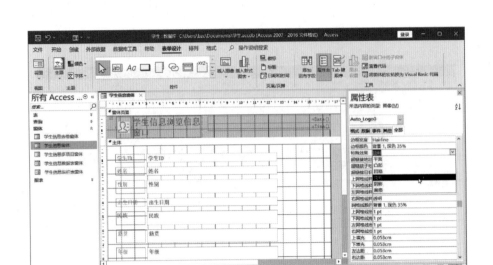

图 23-22 将"特殊效果"属性由默认的"平面"改为"蚀刻"

4）切换到"窗体视图"，再次显示徽标，且表现为"蚀刻"效果，如图 23-23 所示。

图 23-23 徽标的"蚀刻"效果

（2）修改标签的设计

1）打开"学生信息窗体"，切换到"设计视图"，单击"姓名"标签，打开"属性表"。在"其他"属性页面的"垂直"属性下拉列表中将默认的"否"改为"是"。

2）切换到"窗体视图"，"姓名"标签由原来的水平显示变为垂直显示，如图 23-24 所示。

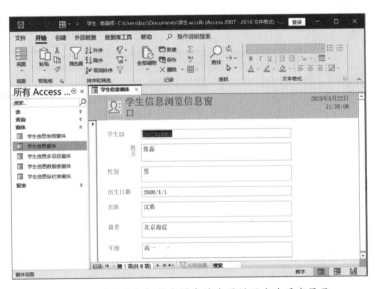

图 23-24 "姓名"标签由原来的水平显示变为垂直显示

（3）修改文本框的设计

1）打开"学生信息窗体"，切换到"设计视图"，选中"出生日期"文本框，打开"属性表"。在"数据"属性页面的"控件来源"属性中将默认的"出生日期"改为"=Date()"，即显示系统当前日期而不是数据库表中的相应记录。

2）切换到"窗体视图"，"出生日期"文本框由原来的从数据库表中读取的记录"2000年1月1日"变为系统当前日期"2023年5月22日"，如图23-25所示。

图23-25　"出生日期"文本框由原来的从数据库表中读取的记录变为系统当前日期

（1）打开"学生信息"数据库，并打开某个基本窗体，如"学生信息窗体"，切换到"设计视图"，查看窗体的"窗体页眉""主体"和"窗体页脚"3个区域，思考为何要将窗体划分为这3个区域，各区域的主要作用是什么；查看"表单设计"选项卡下的"控件"组，通过图标识别各控件，尤其是常用的控件，如"文本框""标签""组合框"和"图表"等；查看"排列"选项卡下的"调整大小和排序"组，通过图标识别各布局操作；保存并关闭"学生信息窗体"，关闭 Access 2021。

（2）打开"学生信息"数据库，并打开某个基本窗体，切换到"设计视图"，选中某个标签，打开"属性表"；在"其他"属性页面的"垂直"属性下拉列表中将默认的"否"改为"是"，切换到"窗体视图"，查看显示变化；切换到"设计视图"，尝试修改标签控件的其他常用属性，如"字体""字号""对齐方式""背景色"和"前景色"等，然后切换到"窗体视图"，查看显示变化；保存并关闭该窗体，关闭 Access 2021。

项目二十四
报表的创建与编辑

任务 24.1　创建学生信息报表

1. 掌握报表的创建方法。
2. 熟悉报表布局视图。

　　美观的窗体为使用 Access 管理数据提供了友好而且高效的入口，可以通过窗体输入和编辑数据库表中的记录。而作为管理数据的出口，报表则提供了丰富的样式，只需简单的操作便可以快速生成既引人注目、又易于理解的报表，并按照需要的方式显示数据，为打印输出报表做好准备。

　　本任务学习创建学生信息报表的方法。

　　数据库表和查询创建后，可以创建报表以显示和打印表或查询中的数据。简单的数据库（如学生信息）可能仅使用一个报表，复杂的数据库会使用多个复杂报表以及子报表。

如同窗体一样，报表也包含链接到表中基础字段的控件，当打开报表时，Access会从其中的一个或多个表中检索数据，然后用创建报表时所选择的布局显示数据。

可以使用报表来显示和打印特定的静态数据，如可以使用报表打印学生的个人信息，也可以使用报表打印学生考试成绩明细；还可以使用带有计算功能的控件通过表达式加载显示特定的统计数据，如显示当前的页码和总页数，或者为报表显示的记录提供更详细的汇总信息。

1. 报表对象的视图

Access 2021 对于数据库报表对象的使用提供了"报表视图""布局视图""设计视图" 3 种不同的视图。在"报表视图"中可以显示报表的结果数据；在"布局视图"中可以调整报表元素的布局；在"设计视图"中主要是对报表元素进行可视化设计，常用于较为复杂的报表设计；在"打印预览"中可以查看报表的打印效果以及打印输出报表。

在不同视图间的切换方法如下：

（1）在选项卡文档区域用鼠标右键单击报表标签，在弹出的快捷菜单中将"报表视图"切换为"布局视图"，如图 24-1 所示。

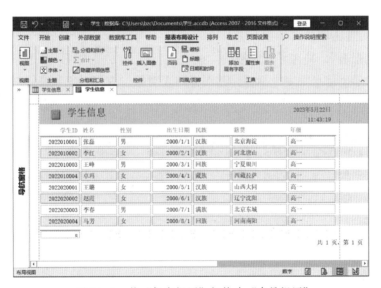

图 24-1　将"报表视图"切换为"布局视图"

（2）在"开始"选项卡下的"视图"组中进行选择，将"布局视图"切换为"设计视图"。

（3）单击状态栏最右侧的"视图"按钮，将"设计视图"切换为"打印预览"。

（4）用鼠标右键单击"开始"选项卡下的"视图"组，在弹出的快捷菜单中选择"添加到快速访问工具栏"选项，以方便将来使用。单击快速访问工具栏上"视图"右侧的下拉箭头，在弹出的下拉菜单中将"打印预览"切换为"报表视图"。

2. 创建报表

（1）基本报表

1）打开数据库"学生 .accdb"，在导航窗格中选择"学生信息"数据库表，然后在"创建"选项卡下的"报表"组中单击"报表"按钮，基本报表"学生信息"在选项卡文档区域打开，默认视图为"布局视图"，"创建"选项卡也切换为"报表布局设计"选项卡。由于在创建报表前选择了"学生信息"数据库表，Access 便自动将"学生信息"表中的有关信息加载到当前的报表中。例如，选项卡文档的标签和报表的标题都默认设置为"学生信息"，报表的主体自动套用了"表格"布局形式，以表格形式整齐地排列了 7 个"标签"和对应的"文本框"，"标签"的内容为"学生信息"表中的字段名称，"文本框"的内容依次为"学生信息"表中的全部 8 条记录。在报表数据的下面紧随显示记录的统计数字，以及在报表的最下面显示有关页码的信息。

2）单击快速访问工具栏中的"保存"按钮，在弹出的"另存为"对话框中输入报表名称"学生信息报表"，单击"确定"按钮，如图 24-2 所示。

图 24-2　将报表名称改为"学生信息报表"

选项卡文档区域的"学生信息"标签变为"学生信息报表"，并在导航窗格的"报表"组中增加了"学生信息报表"标签，其图标与表对象、查询对象和窗体对象都不相同，如图 24-3 所示。

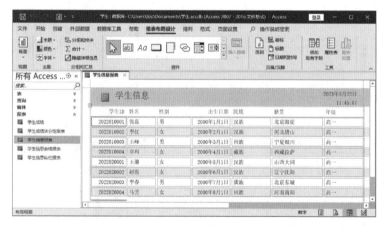

图 24-3　新建的"学生信息报表"

3）切换到"报表视图"，查看报表的数据显示，如图 24-4 所示。

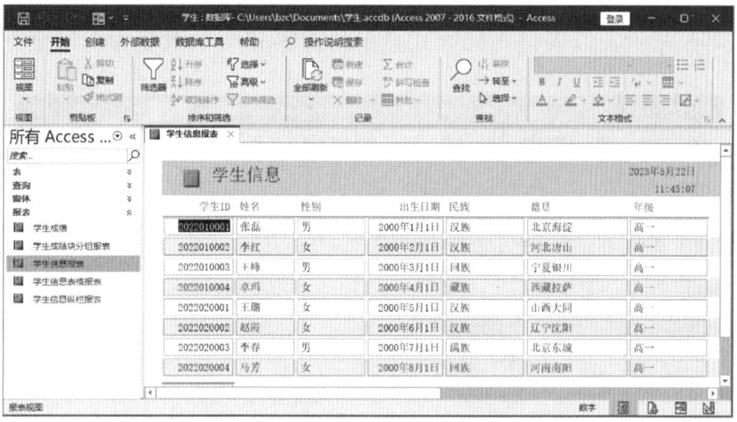

图 24-4 切换到"报表视图"，查看报表的数据显示

（2）空报表

1）在导航窗格中选择"学生成绩"数据库表，然后在"创建"选项卡下的"报表"组中单击"空报表"按钮，空报表"报表 1"在选项卡文档区域打开，其默认视图为"布局视图"，报表中一片空白，没有任何报表元素。在"报表布局设计"选项卡下的"工具"组中单击"添加现有字段"按钮，在右侧的"字段列表"中选中"学生成绩"表中的字段"学生 ID"，并将其拖拽至报表区域，如图 24-5 所示。

图 24-5 从字段列表拖拽字段至报表区域中

标签和文本框以表格布局方式显示在空白报表区域，标签的内容为拖拽的字段名称，文本框的内容为"学生成绩"表中对应字段全部记录中的数据。

2）单击文本框下面的"快捷提示"按钮，选择下拉菜单中的"以堆叠方式显示"选项，如图 24-6 所示，以表格布局方式显示的标签和文本框变为以堆叠方式显示。

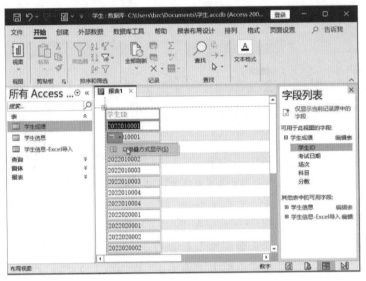

图 24-6　选择"以堆叠方式显示"选项

3）单击文本框下面的"快捷提示"按钮，选择下拉菜单中的"以表格式布局显示"选项，以堆叠方式显示的标签和文本框又变回以表格布局方式显示。

4）在"字段列表"中选中"学生成绩"表中的其他字段，依次拖拽至报表区域，如图 24-7 所示。

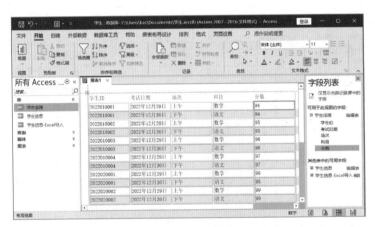

图 24-7　从字段列表依次拖拽字段至报表区域

5）单击快速访问工具栏中的"保存"按钮，在弹出的"另存为"对话框中输入报表名称"学生成绩报表"，然后单击"确定"按钮。选项卡文档区域的"报表 1"标签变为"学生成绩报表",并在导航窗格的"报表"组中增加了"学生成绩报表"标签,如图 24-8 所示。

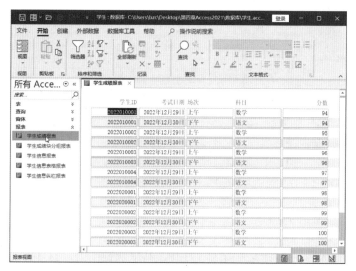

图 24-8　新建的"学生成绩报表"

（3）未分组报表

1）在导航窗格中选择"学生信息"数据库表,然后在"创建"选项卡下的"报表"组中单击"报表向导"按钮。

2）弹出"报表向导"对话框,可以在"表 / 查询"下拉列表中选择报表的数据源,包括数据库表和选择查询（不包括操作查询）,可以在"可用字段"列表框中选择将要在报表上显示的字段。由于在创建报表前选择了"学生信息"数据库表,Access 便自动将"学生信息"表作为"表 / 查询"下拉列表的默认选择,将该表包含的全部字段从"可用字段"列表框中选择到"选定字段"列表框中,单击"下一步"按钮。

3）在"报表向导"中不选择任何分组级别,因为将要创建的报表为未分组报表,单击"下一步"按钮。

4）在"报表向导"中选择记录所用的排序次序,此处选择以"学生 ID"进行升序排列,单击"下一步"按钮。

5）在"报表向导"中选择报表使用的布局,选项包括"纵栏表""表格"和"两端对齐",此处选择"纵栏表",单击"下一步"按钮。

6）在"报表向导"中指定报表标题为"学生信息纵栏报表",并选择"预览报表",单击"完成"按钮。

7）"学生信息纵栏报表"在选项卡文档区域随即打开,查看报表的数据显示,其默认视图为"打印预览",并在导航窗格的"报表"组中增加了"学生信息纵栏报表"

标签，如图 24-9 所示。使用"纵栏表"布局的未分组报表即为纵栏报表。

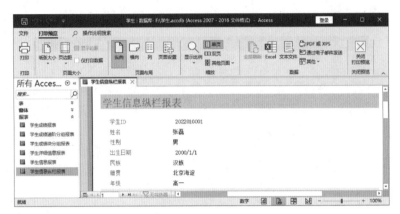

图 24-9　学生信息纵栏报表

8）如果在"报表向导"中选择"表格"布局，指定报表标题为"学生信息表格报表"，报表创建完成后在选项卡文档区域打开，其默认视图为"打印预览"，如图 24-10 所示。实际上，使用"表格"布局的未分组报表即为基本报表。

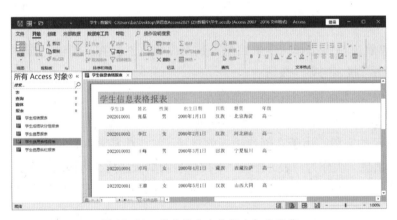

图 24-10　学生信息表格报表打印预览

（4）分组报表

1）在导航窗格中选择"学生成绩"数据库表，然后在"创建"选项卡下的"报表"组中单击"报表向导"按钮，则会弹出"报表向导"对话框。Access 自动将"学生成绩"表作为"表/查询"下拉列表的默认选择，将该表包含的全部字段从"可用字段"列表框中选择到"选定字段"列表框中，单击"下一步"按钮。

2）在"报表向导"中选择字段"学生 ID"作为一级分组，对话框右侧即显示分组后的预览示意，单击"下一步"按钮。

3）在"报表向导"中不选择记录所用的排序次序，单击"汇总选项"按钮，弹出

"汇总选项"对话框，选择计算"分数"的"汇总"和"平均"，并选择显示"明细和汇总"，单击"确定"按钮，回到"报表向导"，单击"下一步"按钮。

4）在"报表向导"中选择报表使用的布局，选项包括"递阶""块""大纲"，此处选择"递阶"，单击"下一步"按钮。

5）在"报表向导"中指定报表标题为"学生成绩递阶分组报表"，并选择"预览报表"，单击"完成"按钮。

6）"学生成绩递阶分组报表"在选项卡文档区域打开，查看报表的数据显示，其默认视图为"打印预览"，如图24-11所示。使用"递阶"布局的分组报表即为递阶分组报表，由于字段"学生ID"作为一级分组，其对应记录单独占据一行显示，其他字段对应的记录向下错开一行以表示"递阶"显示。由于在"汇总选项"中选择计算"分数"的"汇总"和"平均"，并选择显示"明细和汇总"，因此在每条记录下面还显示了相关的汇总信息，例如，分数的"合计"和"平均值"，即分别为总分和平均分。

图24-11 学生成绩递阶分组报表

7）如果在"报表向导"中选择"学生ID"作为一级分组，选择"块"布局，指定报表标题为"学生成绩块分组报表"，报表创建完成后在选项卡文档区域打开，其默认视图为"打印预览"，如图24-12所示。使用"块"布局的分组报表即为块分组报表，由于字段"学生ID"作为一级分组，报表中每组数据的"学生ID"信息仅出现一次。与"学生成绩递阶分组报表"相比，"学生ID"对应记录没有单独占据一行显示，其他字段对应的记录作为一个"块状区域"跟随其后显示。如果在"报表向导"中选择"分数"作为一级分组，则"分数"字段将出现在报表的最左侧，其他字段向右依次顺延。该报表的意图是将学生的成绩信息以相同的"分数"进行分组显示，并按照"分数"从低到高进行排列，如图24-13所示。

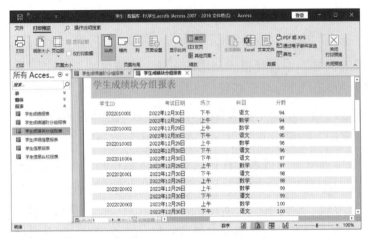

图 24-12　学生成绩块分组报表

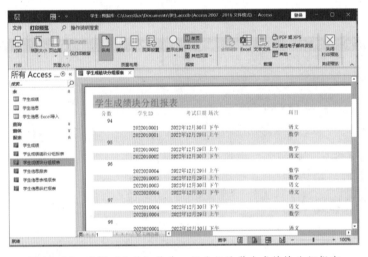

图 24-13　选择"分数"作为一级分组的学生成绩块分组报表

（5）标签

1）在导航窗格中选择"学生信息"数据库表，然后在"创建"选项卡下的"报表"组中单击"标签"按钮。

2）弹出"标签向导"对话框，可以在"按厂商筛选"下拉列表中选择某个打印机厂商，在"标签尺寸"列表框中选择创建标签时将要使用的该厂商所预设的某个常用标签尺寸，此处选择"Avery"厂商的型号为"C2180"的标签尺寸，单击"下一步"按钮，如图 24-14 所示。也可以单击"自定义"按钮，根据实际需要创建自定义的标签尺寸，然后选中"显示自定义标签尺寸"复选框，在"标签尺寸"列表框中选择所创建的自定义标签尺寸。

3）在"标签向导"中选择文本的字体和颜色，在"字体粗细"下拉列表中将默认的"细"改为"半粗",在左侧可以看到文本字体和颜色的示例,单击"下一步"按钮。

4)在"标签向导"中,可以在"可用字段"列表框中选择将要在标签上显示的字段。由于在创建报表前选择了"学生信息"数据库表,Access 便自动将"学生信息"表的全部字段放在"可用字段"列表框中。将需要显示的字段从"可用字

图 24-14　选择标签尺寸

段"列表框中选择到"原型标签"列表框中,并做适当的编辑。其中右侧的由花括弧包围的内容是从"可用字段"列表框中选择得到的,而其他内容则需要输入,可以通过按 Enter 键换行显示,注意各字段的顺序也需做调整,单击"下一步"按钮。

5)在"标签向导"中选择按照字段"学生 ID"进行排序(默认为升序),单击"下一步"按钮。

6)在"标签向导"中指定标签标题为"学生信息标签",并选择"查看标签的打印预览",单击"完成"按钮。

7)"学生信息标签"在选项卡文档区域打开(见图 24-15),查看标签的数据显示,其默认视图为"打印预览",并在导航窗格的"报表"组中增加了"学生信息标签"。使用相应的打印机和纸张打印标签后,经过适当的裁剪即可得到需要的标签,可以贴于档案袋外侧或者加工为其他某种标签。

图 24-15　学生信息标签

3. 设置报表页码

（1）打开"学生信息表格报表"，切换到"布局视图"，在"报表布局设计"选项卡下的"页面/页脚"组中单击"页码"按钮。

（2）在弹出的"页码"对话框中选择插入页码的格式为"第 N 页，共 M 页"，选择位置为"页面底端（页脚）"，选择对齐方式为"居中"，并选中"首页显示页码"复选框，单击"确定"按钮，如图 24-16 所示。

（3）新插入的页码"第 1 页，共 1 页"在报表的页面底部显示，如图 24-17 所示。

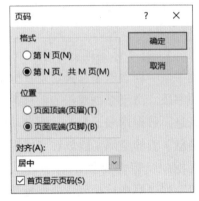

图 24-16　设置插入页码的格式和位置

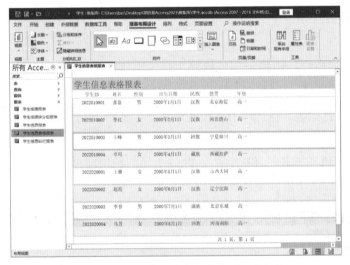

图 24-17　新插入的页码在报表的页面底部显示

（1）打开"学生信息"数据库，在导航窗格中选择"学生信息"表，在"创建"选项卡下"报表"组中单击"报表"按钮，创建基本报表"学生信息报表"；切换到"报表视图"，查看报表的数据显示；尝试创建以"学生成绩"表为数据源的基本报表；保存并关闭各报表，关闭 Access 2021。

（2）打开"学生信息"数据库，在导航窗格中选择"学生成绩"表，在"创建"选项卡下"报表"组中单击"空报表"按钮，创建空报表"学生成绩报表"；从字段列表中选择字段，依次拖拽至报表区域，选择"以堆叠方式显示"；切换到"报表视图"，查看报表的数据显示；保存并关闭"学生成绩报表"，关闭 Access 2021。

（3）打开"学生信息"数据库，在导航窗格中选择"学生信息"表，在"创建"选项卡下"报表"组中单击"报表向导"按钮，创建未分组报表"学生信息纵栏报表"；选择表全部字段，不选择任何分组级别，并选择"纵栏表"布局；切换到"报表视图"，查看报表的数据显示，比较与基本窗体和基本报表在数据显示上是否相似；尝试使用"报表向导"创建新的报表，选择"表格"布局，查看报表的数据显示，比较与基本报表在数据显示上是否相似；尝试使用"报表向导"创建新的报表，选择"两端对齐"布局，查看报表的数据显示，比较与纵览报表在数据显示上是否相似；保存并关闭各报表，关闭 Access 2021。

任务 24.2　编辑学生信息报表

1. 熟悉报表设计视图。
2. 掌握添加报表控件的操作方法。
3. 掌握报表控件属性的设置方法。

本任务学习向报表中添加各种具有不同功能的控件来检索、计算和加载显示报表数据，并对这些控件的属性进行设置，以充分发挥其功能。

一般的报表设计思路包括以下几个步骤：创建报表的草图、选定控件的区域、确

定控件的排列和设置控件的属性。

向报表添加控件时，Access 会为各控件设置默认的属性，用户可以根据特定的功能重新设置控件的各类详细属性，以满足报表设计的需要。

如同窗体通过 3 个窗体区域（"窗体页眉""主体"和"窗体页脚"）将窗体划分为 3 个承载不同类别信息的空间一样，报表也被划分为多个区域，而且比窗体的划分更为详细。

1. 查看报表设计

（1）查看未分组报表的设计

1）打开数据库"学生.accdb"，用鼠标右键单击导航窗格中的"学生信息报表"标签，选择"设计视图"选项，打开"学生信息报表"的设计界面，"开始"选项卡也切换为"报表设计"选项卡，如图 24-18 所示。在选项卡文档区域，报表被分为"报表页眉""页面页眉""主体""页面页脚"和"报表页脚"5 个区域，其中"报表页眉"主要放置"标题""徽标""日期和时间"等报表的辅助数据显示控件，"页面页眉"和"主体"主要放置"标签""文本框""图像""子报表"等报表的主体数据显示控件，"页面页脚"和"报表页脚"主要放置"页码"和"计数"等报表的辅助数据显示控件。

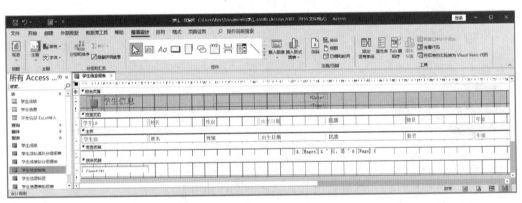

图 24-18　未分组报表的"设计视图"

2）"报表设计"选项卡中的"控件"组在进行报表设计时发挥主要作用，通过添加各类控件，使报表界面变得友好且丰富，如图 24-19 所示。

图 24-19　"报表设计"选项卡

3）"排列"选项卡下的"调整大小和排序"组在进行报表布局设计时发挥主要作用，通过设置控件布局，使报表界面有序且美观。

4）"页面设置"选项卡下的"页面布局"组在进行报表页面布局中发挥主要作用，使报表页面符合打印输出的需要。

（2）查看分组报表的设计

打开"学生成绩递阶分组报表"，切换到"设计视图"，如图 24-20 所示。与"学生信息报表"进行比较，主要的区别在于"学生成绩递阶分组报表"中出现了两个分组报表特有的报表区域"分组页眉"和"分组页脚"，由于字段"学生 ID"作为一级分组，对应的区域为图中的"学生 ID 页眉"和"学生 ID 页脚"。其中，"学生 ID 页眉"中放置与分组对应的"文本框"，"学生 ID 页脚"则放置该分组对应的"明细和汇总"信息。

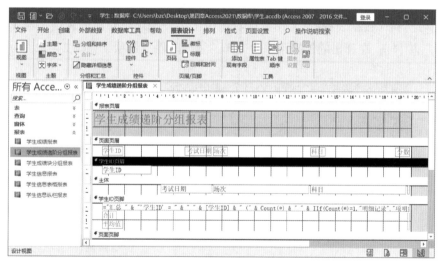

图 24-20　分组报表的"设计视图"

2. 创建应用报表

下面利用"学生信息"表作为数据源设计一个较复杂的报表，使用附件控件提供学生的"照片"信息，并使用子报表控件显示学生各科目的成绩。

（1）修改数据库表

1）打开数据库"学生 .accdb"，用鼠标右键单击导航窗格中的"学生信息"标签，选择"设计视图"选项，打开"学生信息"表的设计界面，增加一个新的字段

"照片"，在"数据类型"下拉列表中将默认的"文本"改为"附件"，如图 24-21 所示。

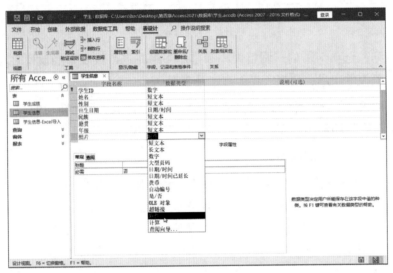

图 24-21 在"学生信息"表中增加"附件"类型的字段"照片"

2）切换到"数据表视图"，用鼠标右键单击第一条记录对应的新增字段（标签为"回形针"模样），在弹出的快捷菜单中选择"管理附件"选项，如图 24-22 所示。

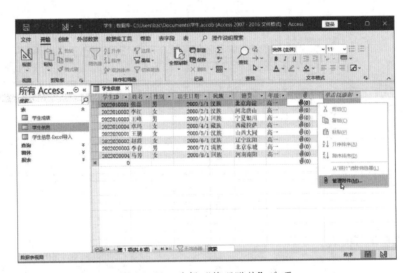

图 24-22 选择"管理附件"选项

3）弹出"附件"对话框，单击"添加"按钮，如图 24-23 所示。

4）弹出"选择文件"对话框，选择与该记录对应的图片文件，单击"打开"按钮。

5）返回"附件"对话框，可见刚才选择的图片文件名称出现在"附件"列表框中，单击"确定"按钮添加附件，如图24-24所示。

图24-23　"附件"对话框

图24-24　添加附件

6）数据库表"学生信息"中第一条记录对应的附件字段由"（0）"变为"（1）"，说明成功地添加了一个附件文件。重复类似操作，为其余记录添加对应的附件文件，如图24-25所示。此处为男同学添加"男同学照片.bmp"，为女同学添加"女同学照片.bmp"。

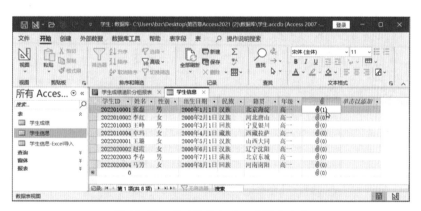

图24-25　成功地添加了一个附件文件

（2）创建新报表

1）在导航窗格中选择"学生信息"数据库表，然后在"创建"选项卡下的"报表"组中单击"报表设计"按钮。

2）空报表"报表1"随即在选项卡文档区域打开，其默认视图为"设计视图"，除了显示"页面页眉""主体"和"页面页脚"3个报表区域标签外，报表中一片空白，没有任何报表元素。在"报表设计"选项卡下的"工具"组中单击"添加现有字段"按钮，在右侧的"字段列表"中选中"学生信息"表中的字段"学生ID"，并拖拽至报表主体区域，如图24-26所示。

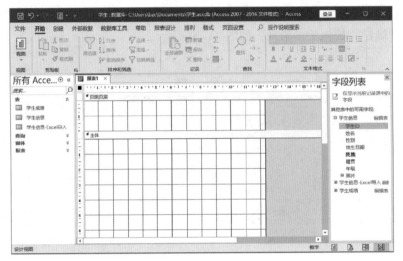

图 24-26　从字段列表拖拽字段至报表主体区域

3）标签和文本框以堆叠方式显示在报表主体区域，如图 24-27 所示。

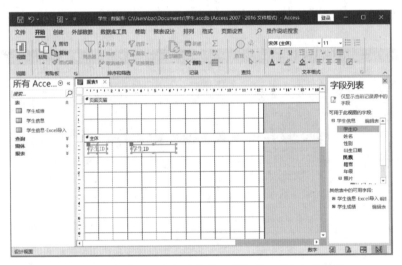

图 24-27　标签和文本框以堆叠方式显示在报表主体区域

4）选中"学生信息"表中的其他字段，依次拖拽至报表主体区域，并分别对标签和文本框的宽度及位置进行调整，使其比例均匀，如图 24-28 所示。

5）单击快速访问工具栏中的"保存"按钮，在弹出的"另存为"对话框中输入报表名称"学生详细信息报表"，单击"确定"按钮。

6）在"报表设计"选项卡下的"页眉 / 页脚"组中单击"标题"按钮，则在"学生详细信息报表"的设计界面中增加了两个报表区域"报表页眉"和"报表页脚"，将出现在"报表页眉"中的"标题"改为"学生详细信息报表"。

图 24-28　向报表主体区域添加字段并调整标签和文本框的宽度及位置

7）切换到"打印预览"视图，查看报表的打印预览，如图 24-29 所示。

图 24-29　查看报表的打印预览

（3）添加附件控件

1）在"报表设计"选项卡下的"控件"组中单击"附件"按钮。

2）将鼠标指针移动至报表设计主体区域合适的位置，单击鼠标左键向报表添加附件控件，如图 24-30 所示。

3）选中新增的附件控件，然后在"报表设计"选项卡下的"工具"组中单击"属性表"按钮，"属性表"在报表的右侧打开。从"属性表"的顶部可以看到，所选内容的类型为"附件"，在此处的名称为"Attachment13"，如图 24-31 所示。在"数据"属性页面的"控件来源"属性下拉列表中将默认的"无"改为"照片"，目的是与"学生信息"表中的字段"照片"进行绑定。

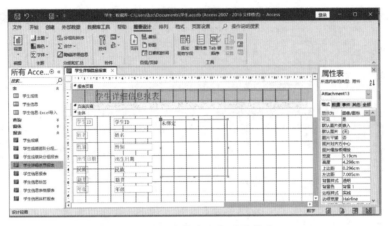

图 24-30　向报表添加附件控件

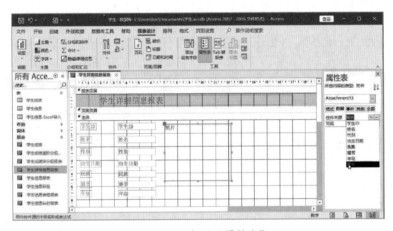

图 24-31　打开"属性表"

4）切换到"打印预览"视图，查看报表的数据显示，每条记录对应的照片信息通过附件控件在报表中显示出来，如图 24-32 所示。

图 24-32　每条记录对应的照片信息在报表中显示

（4）添加子报表控件

1）在"报表设计"选项卡下的"控件"组中单击"子报表"按钮。

2）将鼠标指针移动至报表设计主体区域合适的位置，单击鼠标左键向报表添加子报表控件，如图 24-33 所示。

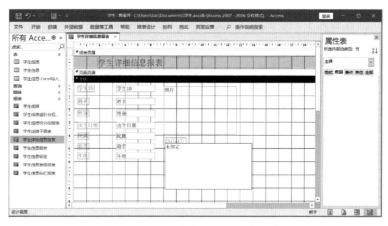

图 24-33　向报表添加子报表控件

3）弹出"子报表向导"对话框，子报表获取数据的方式包括"使用现有的表和查询"和"使用现有的报表和窗体"两种，此处选择第一个选项，单击"下一步"按钮，如图 24-34 所示。

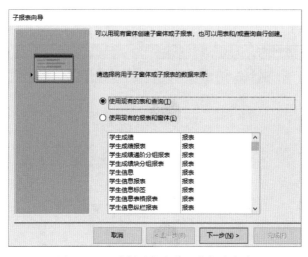

图 24-34　选择子报表获取数据的方式

4）在"子报表向导"中选择"表：学生成绩"作为子报表的数据来源，将字段"学生 ID""科目"和"分数"从"可用字段"列表框中选择到"选定字段"列表框中，单击"下一步"按钮。

5）在"子报表向导"的列表中选择"学生 ID"作为将主报表链接到该子报表的字段，单击"下一步"按钮。

6）在"子报表向导"中为子报表输入名称"学生详细信息 – 成绩子报表"，单击"完成"按钮。

7）"学生详细信息 – 成绩子报表"在报表设计中添加完成，如图 24-35 所示。调整该子报表的位置和大小，使其与主报表区域其他控件对齐。

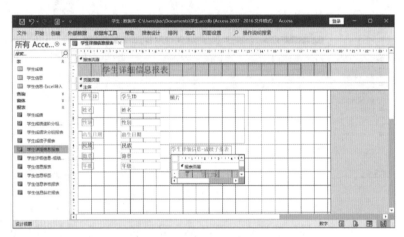

图 24-35　子报表在报表设计中添加完成

8）切换到"打印预览"视图，查看报表的数据显示，每条记录对应的成绩信息通过子报表控件在报表中显示出来，如图 24-36 所示。

图 24-36　每条记录对应的成绩信息在报表中显示

（5）设置子报表控件属性

1）选中子报表控件，然后在"报表设计"选项卡下的"工具"组中单击"属性表"按钮，"属性表"在报表的右侧打开。从"属性表"的顶部可以看到，所选内容的类型为"子窗体/子报表"，在此处的名称为"学生详细信息－成绩子报表"。在"格式"属性页面的"边框样式"下拉列表中将默认的"实线"改为"透明"，如图24-37所示，这样便可以消除子报表的边框黑线，与主报表其他控件保持风格一致。

图24-37　设置子报表的边框样式

2）选中子报表控件中处于"报表页眉"区域的"学生ID"标签，打开"属性表"，从"属性表"的顶部可以看到，所选内容的类型为"标签"，在此处的名称为"学生ID_Label"。在"全部"属性页面的"可见"下拉列表中将默认的"是"改为"否"，因为在子报表中选择"学生ID"字段只是为了与主报表进行链接，而有关"学生ID"的信息已经由主报表相同字段提供，将其"可见"属性设置为"否"，则可以在子报表中隐去该标签的内容。

3）选中子报表控件中处于"主体"区域的"学生ID"文本框，打开"属性表"，从"属性表"的顶部可以看到，所选内容的类型为"文本框"，在此处的名称为"学生ID"。同样，在"全部"属性页面的"可见"下拉列表中将默认的"是"改为"否"，则可以在子报表中隐去该文本框的内容。

4）选中子报表控件对应的标签，打开"属性表"，从"属性表"的顶部可以看到，所选内容的类型为"标签"，在此处的名称为"学生详细信息－成绩子报表"。在"全部"属性页面的"标题"文本框中将默认的"学生详细信息－成绩子报表"改为"各科目成绩"，因为原有标题是系统根据子报表的名称自动设置的，修改后的标题较为简洁、实用。

（6）测试报表整体设计效果

1）控件的添加和设置工作完成后，切换到"打印预览"视图，查看"学生详细信息报表"的打印预览，如图24-38所示。通过对子报表控件相关属性的调整，消除了原有边框，隐去了重复的"学生ID"信息，与主报表的其他控件从外观上基本统一。通过界面底部的导航栏可以查看该报表其他页面的信息，该报表共有2页，当前为第1页。

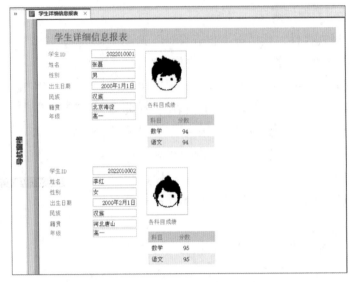

图 24-38　查看报表的打印预览

2）在"打印预览"选项卡下的"缩放"组中单击"双页"按钮，原来单页显示的报表在打印预览区域呈现双页显示，报表的显示比例自动调整，如图 24-39 所示。设计该报表所要达到的效果经测试已经全部完成，至此，该报表的设计工作完毕。

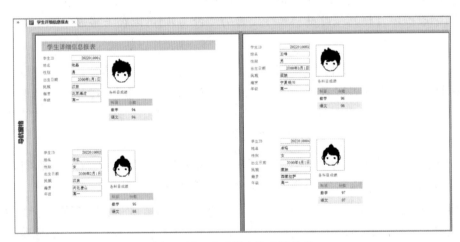

图 24-39　查看报表的双页显示

（1）打开"学生信息"数据库，并打开某个未分组报表，如"学生信息报表"，切换到"设计视图"，查看报表的 5 个区域"报表页眉""页面页眉""主体""页面页脚"

和"报表页脚",思考为何要将报表划分为这 5 个区域,各区域的主要作用是什么;查看"报表设计"选项卡下的"控件"组,通过图标识别各控件,尤其是常用的控件,如"文本框""标签""子报表"和"附件"等;查看"排列"选项卡下的"调整大小和排序"组,通过图标识别各布局操作;查看"页面设置"选项卡下的"页面布局"组,通过图标识别各页面布局操作;保存并关闭该报表,关闭 Access 2021。

（2）打开"学生信息"数据库,并打开某个分组报表,如"学生成绩递阶分组报表";切换到"设计视图",查看分组报表的两个特有区域"分组页眉"和"分组页脚",思考分组报表为何需要这两个区域,两个区域的主要作用是什么;保存并关闭该报表,关闭 Access 2021。

第五篇

综合篇

项目二十五
集成文档的创建

Office 2021 是一套非常优秀的办公自动化软件。如果将 Word、Excel、PowerPoint 和 Access 结合在一起，就能够取长补短，更出色地完成任务。

任务 25.1　在文档中链接 Excel 数据

学习目标

掌握在 Word 中链接 Excel 数据的操作方法。

任务描述

本任务学习在 Word 中链接 Excel 数据的操作方法。

相关知识

在文档中链接 Excel 数据即是链接对象，其对象（Excel 数据）仍然存储在源文件中，目标文件中仅存储对象的位置。要减少文件的大小，应该尽量使用链接对象。

将 Excel 数据链接到 Word 中，可以按照下述步骤操作：

（1）启动 Excel 2021，打开含有目标数据的工作簿，此处打开"成绩表 .xlsx"。

（2）选择要链接的电子表格数据，并复制数据，如图 25-1 所示。

	A	B	C	D	E	F
1			成绩表			
2		英语	数学	物理	化学	语文
3	吴向伟	82	88	86	80	90
4	陈风	88	93	82	86	75
5	谢艳	77	79	81	73	81
6	王烁	98	100	95	95	91
7	孙萍	55	62	60	59	65
8	刘忠	75	66	60	68	77
9	何向	80	79	82	85	80

图 25-1　复制 Excel 数据

（3）启动 Word 2021，在需要数据的地方设置插入点。

（4）单击"开始"选项卡下"剪贴板"组中的"粘贴"按钮，从下拉菜单中选择"选择性粘贴"选项，弹出"选择性粘贴"对话框。选中"粘贴"单选框，在"形式"下拉列表中选择"Microsoft Excel 工作表对象"选项，如图 25-2 所示。单击"确定"按钮，即插入 Excel 数据，效果如图 25-3 所示。

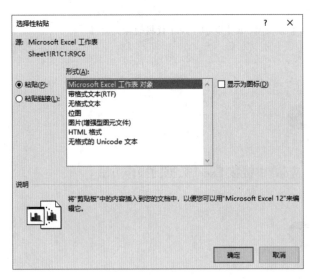

图 25-2　"选择性粘贴"对话框

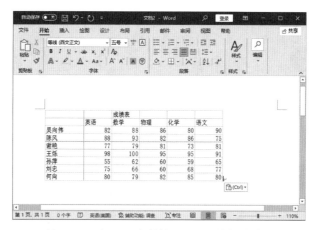

图 25-3　在 Word 中链接了 Excel 数据的效果

将本任务中的表格制作成图表，并将图表选择性粘贴到 Word 中。

任务 25.2　将演示文稿转成 Word 文档

掌握将演示文稿转成 Word 文档的操作方法。

本任务学习将演示文稿转成 Word 文档的操作方法。

Office 2021 基础与应用
362

Office 2021 基础与应用
362
Office 2021 基础与应用
362

将演示文稿转成 Word 文档，可以将精心制作的幻灯片转换成图文并茂的文档。

将演示文稿转成 Word 文档的操作步骤如下：

（1）启动 PowerPoint 2021，打开要转换的演示文稿。此处打开 .pptx 格式文件。

（2）单击"文件"菜单，选择"导出"|"创建讲义"|"创建讲义"选项，如图 25-4 所示，弹出"发送到 Microsoft Word"对话框，如图 25-5 所示。

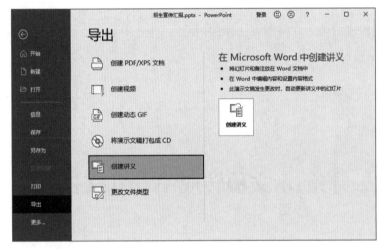

图 25-4　选择"使用 Microsoft Word 创建讲义"选项

图 25-5　"发送到 Microsoft Word"对话框

（3）在"Microsoft Word 使用的版式"选项组中选择一种版式，共有"备注在幻灯片旁""空行在幻灯片旁""备注在幻灯片下""空行在幻灯片下"及"只使用大纲"5 种版式。

（4）选择"粘贴"，再单击"确定"按钮，此时，Word 自动打开并创建一份新文档，其中包含演示文稿的内容，如图 25-6 所示。

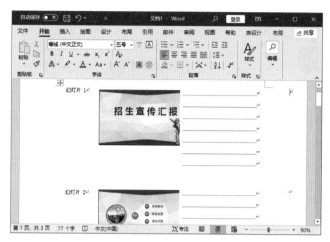

图 25-6　演示文稿的 Word 文档

选择第三篇中的一个 PowerPoint 演示文稿，将其转换成 Word 文档。

任务 25.3　在 Excel 中使用 Access 数据

1. 掌握将 Access 数据复制到 Excel 中的操作方法。
2. 掌握将 Access 数据导出到 Excel 中的方法。
3. 掌握在 Excel 中链接 Access 数据的方法。

本任务学习在 Excel 中使用 Access 数据的方法。

在 Excel 中使用 Access 数据主要有以下 3 种方法：

（1）将 Access 数据复制到 Excel 中。

（2）将 Access 数据导出到 Excel 中。

（3）在 Excel 中链接 Access 数据。

通过使用 Access 中的导出向导，可以将一个 Access 数据库对象或视图中选择的记录导出到 Excel 工作表中。在执行导出操作时，可以保存详细信息以备将来使用，甚至还可以制订计划，让导出操作按指定的时间间隔自动运行。

1. 将 Access 数据复制到 Excel 中

用户可以从 Access 的数据表视图中复制数据，然后将数据粘贴到 Excel 工作表中。

（1）启动 Access 2021，打开包含要复制的记录的表、查询或窗体。

（2）在"开始"选项卡下的"视图"组中单击"视图"按钮，选择"数据表视图"选项，在数据表中选择要复制的记录，如图 25-7 所示。

图 25-7 在 Access 中选择要复制的记录

（3）在"开始"选项卡下的"剪贴板"组中单击"复制"按钮。

（4）启动 Excel 2021，打开要在其中粘贴数据的工作表，单击要显示第一个字段名称的工作表区域的左上角。

（5）在"开始"选项卡下的"剪贴板"组中单击"粘贴"按钮，粘贴后的效果如图 25-8 所示。

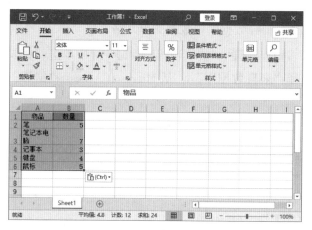

图 25-8　将数据复制到 Excel 中

2. 将 Access 数据导出到 Excel 中

（1）在 Access 中选择"外部数据"选项卡，单击"导出"组中的"Excel"按钮，如图 25-9 所示，打开"导出 –Excel 电子表格"对话框。

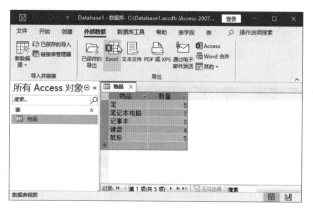

图 25-9　在 Access 中单击"Excel"按钮

（2）在"导出 –Excel 电子表格"对话框中设置文件名和文件格式，如图 25-10 所示，单击"确定"按钮，即可将 Access 中的数据导出到 Excel 中。

3. 在 Excel 中链接 Access 数据

若要将可更新的 Access 数据装入 Excel 中，可以创建一个到 Access 数据库的链接，这个链接通常存储在 Office 数据链接文件中，检索表或查询中的所有数据。链接

Access 数据的主要优点是：可以在 Excel 中定期分析这些数据，而不需要从 Access 中反复复制或导出数据。在 Excel 中链接 Access 数据后，当原始 Access 数据库使用新数据更新时，还可以自动更新包含该数据库中数据的 Excel 工作簿。具体操作如下：

（1）启动 Excel 2021。

（2）单击要存放 Access 数据库中数据的单元格。

（3）在"数据"选项卡下的"获取和转换数据"组中单击"获取数据"按钮，在弹出的下拉菜单中选择"来自数据库"｜"从 Microsoft Access 数据库"选项，如图 25-11 所示。

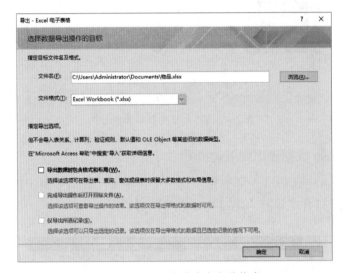

图 25-10　设置文件名和文件格式

图 25-11　选择"从 Microsoft Access 数据库"选项

（4）在弹出的"导入数据"对话框中双击要链接的 Access 数据库文件，如图 25-12 所示。

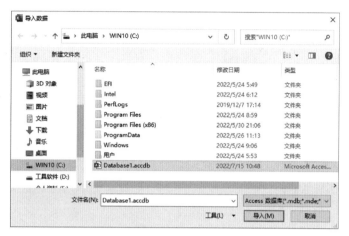

图 25-12　双击要链接的 Access 数据库文件

（5）打开"导航器"对话框，选择要导入的表，然后单击"加载"按钮右边的倒三角按钮，选择"加载到 …"选项，如图 25-13 所示。

图 25-13　选择要导入的表

（6）在弹出的"导入数据"对话框中设置导入数据选项，如图 25-14 所示。

（7）单击"确定"按钮，Excel 将外部数据区域放在指定的位置。导入数据后的工作表效果如图 25-15 所示。

图 25-14　设置导入数据选项　　　图 25-15　导入数据后的工作表效果

　　参照在 Excel 中链接 Access 数据的操作，将一个 Access 数据库链接到新建的 Excel 文件中。

任务 25.4　在 Word 中使用 Excel 数据

　　掌握在 Word 中使用 Excel 数据的操作方法。

　　通过使用 Excel 数据进行 Word 邮件合并，实现成绩报告单的"批处理"，完成学

生成绩单的填写和信封的批量制作。

邮件合并是指在 Office 中先建立两个文档——一个包括所有文件共有内容的 Word 主文档（如未填写的信封等）和一个包括变化信息的数据源 Excel（填写的收件人、发件人、邮编等），然后使用邮件合并功能在主文档中插入变化的信息，最后将合成后的文件保存为 Word 文档。

1. 批量填写成绩单

（1）启动 Word 2021，打开"期末成绩通知单 .docx"，如图 25–16 所示。

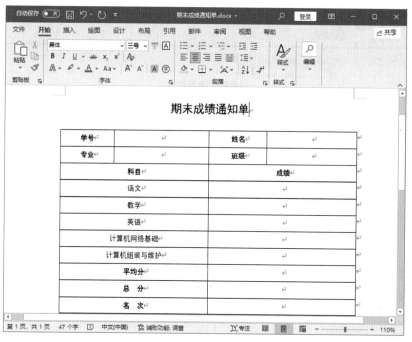

图 25-16　期末成绩通知单

（2）在"邮件"选项卡下的"开始邮件合并"组中单击"开始邮件合并"按钮，在弹出的下拉菜单中选择"信函"选项，如图 25–17 所示。

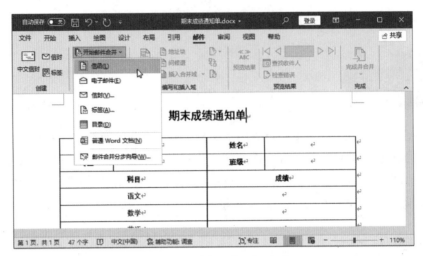

图 25-17　选择"信函"选项

（3）在"邮件"选项卡下的"开始邮件合并"组中单击"选择收件人"按钮，在弹出的下拉菜单中选择"使用现有列表"选项，如图 25-18 所示。

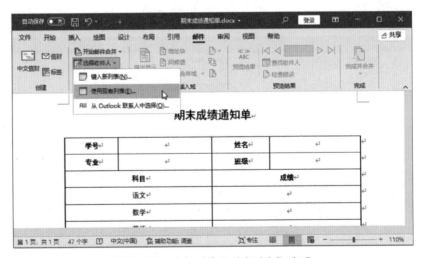

图 25-18　选择"使用现有列表"选项

（4）在弹出的"选取数据源"对话框中选择数据源"期末成绩 .xlsx"，如图 25-19 所示。单击"打开"按钮，弹出"选择表格"对话框，从中选择"期末成绩"工作表，如图 25-20 所示。

（5）单击"确定"按钮后，将光标定位于"期末成绩通知单"中"学号"单元格右侧的空白单元格处，单击"邮件"选项卡下"编写和插入域"组中的"插入合并域"按钮，如图 25-21 所示，然后单击下拉菜单中的"学号"插入学号项，用此方法依次插入其他项，如图 25-22 所示。

图 25-19　选取数据源

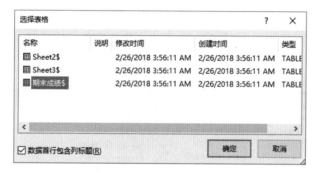

图 25-20　选择工作表

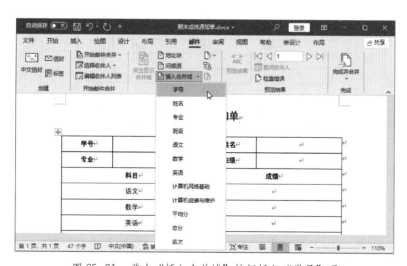

图 25-21　单击"插入合并域"按钮插入"学员"项

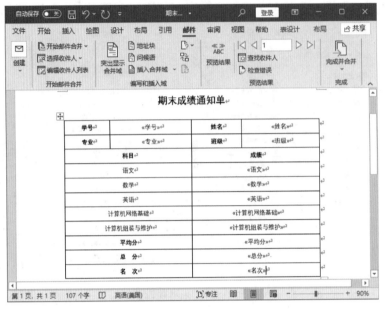

图 25-22　插入全部合并域

（6）在"邮件"选项卡下的"预览结果"组中单击"预览结果"按钮进行预览，如图 25-23 所示。

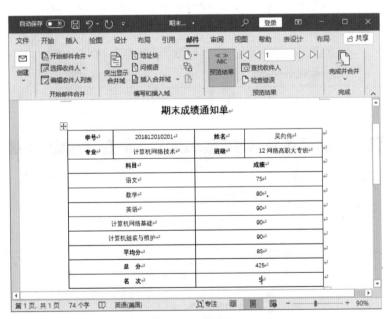

图 25-23　预览结果

（7）在"邮件"选项卡下的"完成"组中单击"完成并合并"按钮，在弹出的下拉菜单中选择"编辑单个文档"选项，如图 25-24 所示。在弹出的"合并到新文档"

对话框中设置合并的范围，如图 25-25 所示。单击"确定"按钮，自动生成"信函 1"的新文档，完成成绩单的批量填写，如图 25-26 所示。

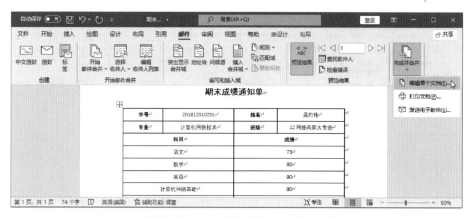

图 25-24　选择"编辑单个文档"选项

图 25-25　"合并到新文档"对话框

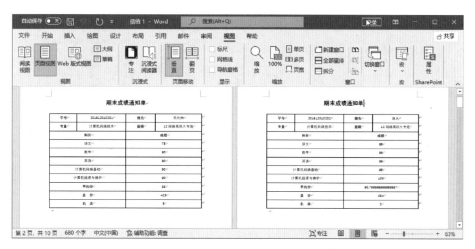

图 25-26　自动生成"信函 1"的新文档

2. 批量制作信封

（1）启动 Word 2021，进入主界面后新建一个空白文档。在"邮件"选项卡下的

"开始邮件合并"组中单击"开始邮件合并"按钮，在弹出的下拉菜单中选择"邮件合并分步向导"选项，如图 25-27 所示。

图 25-27 选择"邮件合并分步向导"选项

（2）启动"邮件合并"分步向导后，在"选择文档类型"中选择"信封"，如图 25-28 所示。

图 25-28 选择"信封"

（3）单击"下一步：开始文档"，设定信封的类型和尺寸。选择"选择开始文档"区的"更改文档版式"，单击"更改文档版式"区的"信封选项"链接，打开"信封选项"对话框，进行相关设置，如图 25-29 所示。单击"确定"按钮，关闭"信封选项"对话框。

图 25-29　设定信封的类型和尺寸

（4）单击"下一步：选择收件人"，选择收件人。选中"选择收件人"区的"使用现有列表"单选框，单击"使用现有列表"区的"浏览"链接，在弹出的"选取数据源"对话框中选择数据源文件"期末成绩单寄送信封 .xlsx"，如图 25-30 所示。单击"打开"按钮，弹出"选择表格"对话框，从中选择"期末成绩单寄送信封"工作表，如图 25-31 所示。单击"确定"按钮，弹出"邮件合并收件人"对话框，根据实际需要选择收件人，单击"确定"按钮，如图 25-32 所示。

图 25-30　选取数据源

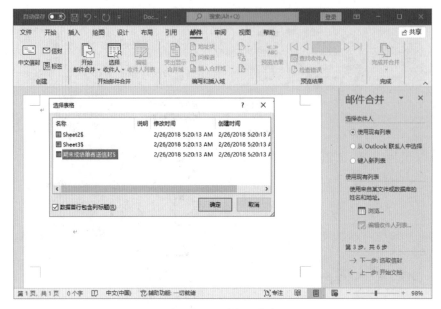

图 25-31　选择工作表

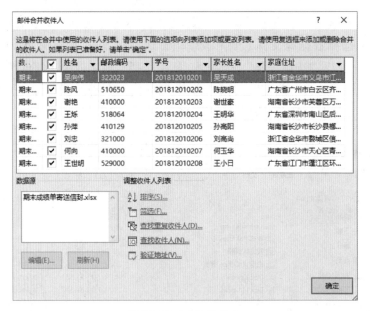

图 25-32　选取收件人

（5）单击"下一步：选取信封"，把数据源中的字段合并到主文档。将插入点定位于信封左上角邮编的位置，单击"其他项目"链接，打开"插入合并域"对话框，选择"邮政编码"，再单击"插入"按钮，如图 25-33 所示。用同样的方法把"家庭住址"和"家长姓名"分别插入位于信封正中的文本框中，在右下方的文本框中输入寄件人的相关信息，如图 25-34 所示。

图 25-33 插入"邮政编码"

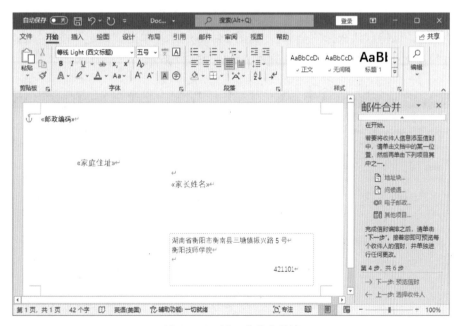

图 25-34 插入其他合并域

（6）单击"下一步：预览信封"，浏览信封效果。调整字体和位置，对信封进行排版，使其更加美观，如图 25-35 所示。

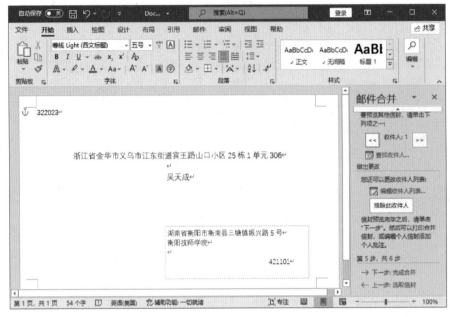

图 25-35　预览信封

（7）单击"下一步：完成合并"。单击"编辑单个信封"链接，打开"合并到新文档"对话框，保持默认选择"全部"，如图 25-36 所示。单击"确定"按钮，自动生成"信封 1"新文档，完成信封的批量制作，如图 25-37 所示。

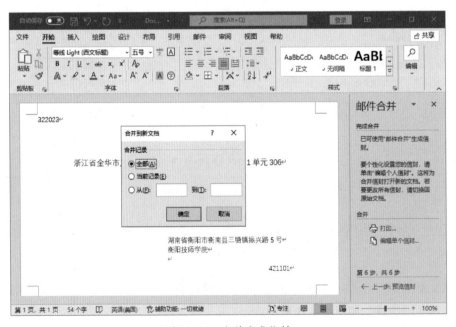

图 25-36　合并生成信封

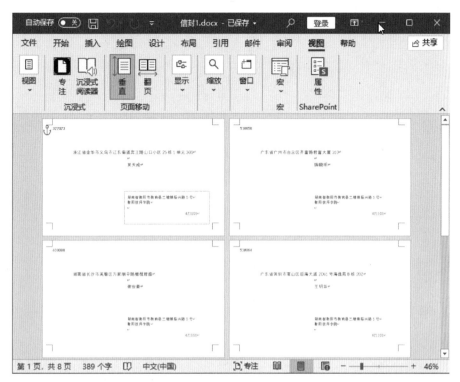

图 25-37　自动生成"信封 1"新文档

根据本任务的实践操作提示批量制作学院或系部荣誉证书。